U0177506

Android 项目式开发初级教程

王培刚　黄　轲　主　编

周祖才　副主编

電子工業出版社·
Publishing House of Electronics Industry
北京 · BEIJING

内容简介

本书以"新生校园生活助手"Android 应用程序项目为案例，根据项目的各组成部分，进行模块的划分。在模块中，根据项目功能需求，以任务的形式进行教学设计。全书共五个模块，模块一为基础知识模块，对 Android 应用程序的基本组成、开发工具、技术资料等进行介绍；模块二为界面设计与控制模块，介绍了显示界面设计与控制、界面切换及传值等；模块三为界面数据获取和操作模块，介绍了输入界面设计与控制、界面数据更新等；模块四为数据与文件管理模块，介绍了数据管理、文件管理等；模块五为服务管理和操作模块，介绍了前台、后台服务管理和操作等。本书是一部"活页式"教材，可根据实际需要灵活选择讲授内容和顺序。配套的教案、课件、任务工单模板、视频等以电子资源方式提供，读者可登录华信教育资源网(www.hxedu.com.cn)下载。

本书适用于中高等职业院校、应用型本科院校的 Android 应用程序项目开发等相关课程的教学，也可供入门级开发用户学习。

图书在版编目（CIP）数据

Android 项目式开发初级教程 / 王培刚，黄轲主编. — 北京：电子工业出版社，2023.4

ISBN 978-7-121-45420-2

Ⅰ. ①A⋯　Ⅱ. ①王⋯ ②黄⋯　Ⅲ. ①移动终端−应用程序−程序设计−高等学校−教材

Ⅳ. ①TN929.53

中国国家版本馆 CIP 数据核字(2023)第 063268 号

责任编辑：王二华　　　　文字编辑：李晓彤

印　　刷：中煤（北京）印务有限公司

装　　订：中煤（北京）印务有限公司

出版发行：电子工业出版社

　　　　　北京市海淀区万寿路 173 信箱　　　邮编：100036

开　　本：787×1092　1/16　印张：17.25　　字数：441.6 千字

版　　次：2023 年 4 月第 1 版

印　　次：2023 年 4 月第 1 次印刷

定　　价：59.00 元

前言

随着社会的发展，移动设备已经全面普及，其中使用 Andriod 操作系统的移动设备占据了大半市场份额，各类 Android 移动设备的应用程序需求旺盛，Android 开发技术岗位成为当前的热门。另外，Android 开发技术可以作为华为鸿蒙系统开发技术的基础，学生未来转型和发展空间更加广阔。

本书以"新生校园生活助手"Android 应用程序项目为案例，根据项目中各组成部分，进行模块的划分。在每个模块中以任务的形式进行组织，按步骤讲解知识点和技术操作。

1．教材内容结构

全书共五个模块，模块一为基础知识模块，对 Android 应用程序的基本组成、开发工具、技术资料等进行介绍；模块二为界面设计与控制模块，介绍了显示界面设计与控制、界面切换及传值等；模块三为界面数据获取和操作模块，介绍了输入界面设计与控制、界面数据更新等；模块四为数据与文件管理模块，介绍了数据管理、文件管理等；模块五为服务管理和操作模块，介绍了前台、后台服务管理和操作等。

2．教材使用建议

"模块一"到"模块四"有两条学习路径，分别是任务引导和项目引导。教师可根据具体学情选择是否学习"模块五"。

（1）任务引导路径

学生学习"模块一"的基础知识后，在学习"模块二"和"模块三"的过程中，可根据任务内容，选择学习"模块四"中相关知识技术，建立界面的数据源，完成学习任务。

（2）项目引导路径

学生先学习"模块一"和"模块四"中的数据库知识技术，根据项目需求，预先建立项目所需的数据库或数据源文件，然后结合"模块一"的基础知识，学习"模块二"和"模块三"，利用前面预置数据完成学习任务。

每个任务都以"任务工单"的形式发布，"任务工单"由任务目标、实施步骤、花费时间、完成情况等内容组成，目的是反映学生的学习情况，使其及时发现和解决问题。

教师可根据实际学情或项目案例，抽取活页册中的部分内容重新组织教学单元。

3. 教材适用对象

本书适用于中高等职业院校、应用型本科院校 Android 应用程序项目开发等相关课程的教学，也可供入门级开发用户学习。

4. 致谢

本书编写得到了武汉工程大学黄轲老师的大力帮助，在此表示感谢。

由于编者水平有限，教材中可能存在一些不足之处，我们期待各位读者提出宝贵的意见和建议，使我们不断进步。

编　者

目录

模块一　基础知识模块

模块二　界面设计与控制模块

模块三　界面数据获取和操作模块

模块四　数据与文件管理模块

模块五　服务管理和操作模块

模块一　基础知识模块

 本模块内容

1. Android 操作系统介绍
2. Android 开发工具介绍
3. 应用程序基本组成
4. Android 开发技术资料

 学习目标

1. 了解 Android 操作系统、开发工具
2. 了解应用程序基本组成
3. 掌握 Android Studio 开发平台的安装配置
4. 掌握 Android Studio 开发平台的基本操作

 能力目标

1. 能够安装配置 Android Studio 开发平台
2. 会 Android Studio 开发平台的基本操作
3. 能够快速查阅相关技术资料

第1章

Android 操作系统及开发工具简介

1.1 Android 操作系统介绍

Android（安卓）是一种基于 Linux 内核的开放源代码操作系统，主要应用于移动设备，如智能手机、平板电脑、可佩戴设备、电视及车载屏等，由美国谷歌公司和开放手机联盟领导及开发。2003 年 10 月，Andy Rubin 等人创建 Android 公司，并组建 Android 团队进行最初的 Android 操作系统开发，主要支持手机。2005 年 8 月 Android 公司被谷歌公司收购。2007 年 11 月，谷歌公司与 84 家硬件制造商、软件开发商及电信运营商组建开放手机联盟，共同研发改良 Android 操作系统。随后谷歌公司以 Apache 开源许可证的授权方式，发布了 Android 操作系统的源代码。第一部使用 Android 操作系统的智能手机发布于 2008 年 10 月。现在 Android 操作系统逐渐扩展到平板电脑及其他领域，如电视、数码相机、游戏机、智能手表、车载显示屏等。

Android 操作系统每年至少更新一个版本，与之对应的应用开发接口（API）也会随之更新。当前 Android 操作系统的最新稳定版本是 Android 12L，与之对应的 API 为 API 33。在 Android 中文开发者官方网站上可以查询 Android 操作系统版本信息、API 参考文档、Android Studio 开发平台等内容。

1.2 Android 开发工具介绍

早期 Android 开发工具基于 Eclipse 开发平台，通过 ADT 插件和 SDK 配置进行 Android 应用程序（以下简称"应用程序"）开发。但在 2013 年 5 月谷歌公司推出自己的 Android 开发工具——Android Studio 开发平台后，谷歌公司逐步停止对 Eclipse ADT 开发工具的支持，并于 2015 年底彻底停止对 Eclipse ADT 插件的更新，Android Studio 开发平台成为当前主流的原生应用程序开发平台。

Android Studio 开发平台是基于 IntelliJ IDEA 构建的，除了常规的应用程序开发环境外，还提供了 Apply Changes 快速部署、智能代码编辑器、多种 Android 模拟器等，提高应用程序开发和部署的速度。

1. Apply Changes 快速部署

在 Android Studio 3.5（Android 8.0 或 API 26）及更高版本中，Apply Changes 可在不重

新启动应用程序(在某些情况下，甚至无须重新启动当前的 Activity)的前提下，将代码和资源更改推送给正在运行的应用程序，从而提高应用程序调试和部署的效率。

2．智能代码编辑器

智能代码编辑器提供代码补全、重构和代码分析功能，帮助开发者编写更好和更规范的代码，提高开发者的工作速度和工作效率。

在开发者输入代码内容时，Android Studio 智能代码编辑器以下拉列表的形式提供建议。开发者可使用 Tab 键、Enter 键或者鼠标选中后双击插入智能代码编辑器建议的代码。

3．多种 Android 模拟器

Android Studio 开发平台自带的 Android 模拟器提供各种 Android 设备配置(手机、平板电脑、电视、可佩戴设备和车载设备)。相对于实际设备，Android 模拟器能更快地安装和启动应用程序，使开发者能够更快地进行应用程序的原型设计和测试。关于 Android Studio 开发平台自带的 Android 模拟器更详细的操作及应用，开发者可参考 Android 中文开发者官方网站相关网页。

第2章

应用程序基本组成

应用程序可用 Kotlin、Java 和 C++语言进行开发。Android SDK 工具将应用程序项目中代码、数据和资源文件编译成 APK 文件（Android 软件包）。APK 文件包含了应用程序的所有内容，也是应用程序在 Android 操作系统中的安装文件。

应用程序的基本组成单元是组件。系统或用户可以通过组件进入应用程序。应用程序有四种不同类型的组件，分别是：Activity（活动）、ContentProvider（内容提供程序）、BroadcastReceiver（广播接收器）和 Service（服务）。每种类型的组件都有不同的用途和生命周期。

Intent 是一个消息传递对象。Android 组件之间的通信是通过 Intent 对象完成的，同时 Activity、BroadcastReceiver 和 Service 三类组件通过 Intent 对象启动。

清单文件（AndroidManifest.xml）是应用程序的配置文件，包含了应用程序的所有组件配置、权限配置、适用 API 版本、可选依赖包及启动的首界面等信息。Android 操作系统启动应用程序之前，会读取应用程序的清单文件检查所有相关信息，尤其是组件信息，因此组件必须在清单文件中进行声明。

Context 包含应用程序环境的信息，通过 Context 可以获取应用程序中应用资源和类。

2.1 Activity

Activty 是指应用程序在 Android 设备屏幕中的界面，用于处理所有与用户交互的操作。Activty 由布局文件、控制文件、数据文件及资源文件组成。

布局文件是 XML 文件，在创建 Activity 时自动生成。开发者通过对布局文件中控件的配置、组织和设计得到符合用户需求的交互界面。每一个控件均需配置控件 id（唯一标识）、在界面中的位置、大小及其他控件相关属性。

控制文件是与用户交互操作的类，在创建 Activity 时自动生成。开发者通过开发控制文件中的代码响应用户的操作。本书使用 Java 语言作为编程语言，因此控制文件是一个 Java 文件。在控制文件中，开发者通过 setContentView（）方法关联布局文件；使用适配器（各类 Adapter）对一些容器类控件的数据和样式进行配置；使用监听器（各类 Listener）对用户界面中的控件操作做出响应，例如：OnClickListener（响应点击操作）、sctOnItemClickListener（响应条目点击操作）、setOnItemSelectedListener（响应条目选中操作）等。

数据文件是数据操作相关的类，由开发者自行定义。Activity 通过这些类进行数据管理，即通过数据对象类、数据库连接类和数据操作类对本地或远程数据进行添加、修改、删除和查询操作。

资源文件是应用程序内置的图片、图标、字符串文件、颜色配置文件及其他媒体文件，用于应用程序图标、动画、背景图片、背景音乐、文字及颜色等的配置操作。

2.2　ContentProvider

ContentProvider 是管理应用程序提供的共享数据的组件，用于将当前应用程序中指定数据提供给其他应用程序，即在不同应用程序之间提供共享数据。共享数据包括文件、数据库数据、网络数据等不同类型的数据。

ContentProvider 使用 Uri 来唯一标识共享数据集。

其他应用程序则通过 ContentResolver（内容解析程序）类在共享数据集中查询、添加、修改和删除数据，也可以通过 ContentObserver（内容监听程序）类来监听数据变化。

2.3　BroadcastReceiver

BroadcastReceiver 是接收 Android 操作系统中广播通知的组件，用于过滤、接收和响应系统或其他应用程序发布的广播（Broadcast）。

在 Android 操作系统中，广播是一种广泛运用在系统与应用程序，以及不同应用程序之间传输信息的机制。通过广播，Android 操作系统或应用程序可以向其他应用程序传递信息，其他应用程序则通过 BroadcastReceiver 过滤、接收和响应广播信息，因此广播分为系统广播和应用程序自定义广播。常见系统广播有：通知屏幕已关闭、电池电量不足、网络状态改变和照片已拍摄完成等。

BroadcastReceiver 本身不显示界面，但可以创建状态栏通知或用其他方式显示响应。

2.4　Service

Service 是后台运行的组件，用于执行长时间运行的操作或为远程进程执行作业的操作，即能使应用程序在后台保持运行的操作。Service 没有界面，不受项目切换的影响。常见 Service 有网络事务、音乐播放等。

Service 有两种启动方式：startService 和 bindService。当 Service 执行后台操作，并且不需要和其他组件有直接的交互时，使用 startService 方式启动。当 Service 执行的后台操作需要与其他组件进行通信时，使用 bindService 方式启动。

Service 处于启动状态时，只有完成 Service 内部执行的操作或停止其应用程序进程才能停止 Service 的执行。如需获取 Service 运行信息或控制 Service 运行，应对 Service 进行绑定后再启动执行。

2.5　Intent

Intent 对象用于不同组件之间的通信和信息交互，即 Activity、ContentProvider、BroadcastReceiver、Service 的通信和信息交互都依赖于 Intent 对象。其中 Activity、Service 和 BroadcastReceiver 三类组件通过 Intent 对象进行启动。

通过 Intent 对象进行启动有两种方式，分别是显式启动和隐式启动。显式启动是在代码中明确指出要启动的组件(Activity 或者 Service)的类名或者包名。隐式启动则是通过在清单文件中<intent-filter>标签中设置 Action、Data、Category 等属性来启动组件。

Intent 类有七个属性，包括：Component(组件名称) 、Action(操作)、Data(数据)、Category(类别)、Type(数据类型)、Extra(扩展信息)、Flag(标志位)。其中最常用的是 Action 属性和 Data 属性。

2.6　清 单 文 件

清单文件是一个 XML 文件，名称为 AndroidManifest.xml，位于应用程序项目的根目录中。

清单文件是应用程序最重要的配置文件，包含了应用程序的所有组件配置、权限配置、适用 API 版本、可选依赖包及启动的首界面等信息。每次应用程序启动，Android 操作系统都会先读取清单文件，验证所有内容是否正确且有效。

清单文件的配置标签较多，常用配置标签如表 2-1 所示。

表 2-1　清单文件常用配置标签

标签名称	内　　　容
<manifest>	AndroidManifest.xml 文件的根元素
<application>	应用程序的声明
<uses-permission>	指定为使应用程序正常运行，用户必须授予的系统权限
<activity>	声明 Activity 组件
<intent-filter>	指定 Activity、Service 或 BroadcastReceiver 可以响应的 Intent 类型
<action>	向 Intent 过滤器添加操作
<category>	向 Intent 过滤器添加类别名称
<data>	向 Intent 过滤器添加数据规范
<provider>	声明 ContentProvider 组件
<receiver>	声明 BroadcastReceiver 组件
<service>	声明 Service 组件
<uses-library>	指定应用程序可依赖的包
<uses-sdk>	表示应用程序兼容的最低 SDK 版本

2.7　Context

　　应用程序中，组件无法使用 new()方法来创建实例对象，只能通过 Context(上下文)来获取。

　　从 Context 的继承关系来看，Activity、Service、Application 都是 Context 的子类，因此它们都能通过 Context 获取资源进行操作，但各自操作范围是不一样的，如表 2-2 所示。

表 2-2　Context 子类操作范围

操作	Application	Activity	Service
显示对话框	不能	能	不能
启动 Activity	不推荐	能	不推荐
加载样式文件	不推荐	能	不推荐
启动 Service	能	能	能
发送广播	能	能	能
注册 BroadcastReceiver	能	能	能
加载资源	能	能	能

Android 开发工具

当前主流的 Android 开发工具是 Android Studio 开发平台，其目前的最新版本是 Android Studio Chipmunk 2021.2.1 版，对应的 API 为 API 33。本书使用的 Android 开发工具就是此版本的 Android Studio 开发平台。

3.1 Android Studio 开发平台安装

Android Studio 支持多平台安装（Windows、Mac、Linux、Chrome 等）。Android Studio 简单默认安装步骤可参考 Android 中文开发者官方网站相关网页。

本书 Android Studio 开发平台安装以 Android Studio Chipmunk 2021.2.1 版为例，使用 Zip 压缩文件在 Windows 操作系统中进行安装。

在安装 Android Studio 开发平台时，要求全程连接 Internet 网络，否则安装会报错。

我们不推荐 exe 文件直接安装，因为使用 exe 文件直接安装，容易出现 Windows 操作系统中文用户导致路径出错的问题。

3.1.1 安装包下载

在 Android 中文开发者官方网站中下载最新版本。如最新版本已升级，可在历史版本列表中找到并打开【Android Studio Chipmunk 2021.2.1】目录，选择下载 android-studio-2021.2.1.15-windows.zip 安装包。

3.1.2 安装

安装过程分为解压安装包、开发平台安装、开发平台配置、模拟器配置等四个部分。有两种安装方法，分别是默认安装和自定义安装。安装步骤较多，书中不做赘述，请在教材配套资源中下载对应安装指导文档。

3.2 Android Studio 开发平台卸载

Android Studio 开发平台安装完成后，开发者卸载 Android Studio 开发平台需要以下步骤。

（1）删除安装包解压目录，例：C:\android-studio。

（2）删除对应的配置文件目录，分别是【.android】【.cache】和【.gradle】目录。默认安装模式下，这三个目录安装于用户目录中，例：C:\Users\Lenovo，如图 3-1 所示。

图 3-1   Android Studio 开发平台默认安装模式下的配置文件目录

（3）删除 SDK 目录。默认安装模式下，SDK 目录安装于用户目录中的【AppData\Local】目录下，例：C:\Users\Lenovo\AppData\Local\，如图 3-2 所示。

图 3-2   Android Studio 开发平台默认安装模式下的 SDK 文件目录

（4）删除其他附属目录，分别是两个【AndroidStudio2021.2】目录。默认安装模式下，这两个目录安装于用户目录中的【AppData\Local\Google】和【AppData\Roaming\ Google】目录下，如图 3-3 所示。

(a)C:\Users\Lenovo\AppData\Local\Google\AndroidStudio2021.2

(b)C:\Users\Lenovo\AppData\Roaming\Google\AndroidStudio2021.2

图 3-3   Android Studio 开发平台默认安装模式下的附属目录

（5）根据实际需求，开发者自行决定是否删除项目保存目录。默认安装模式下，项目保存目录为用户目录中的【AndroidStudioProjects】目录，例：C:\Users\Lenovo\ Android-StudioProjects，如图 3-4 所示。

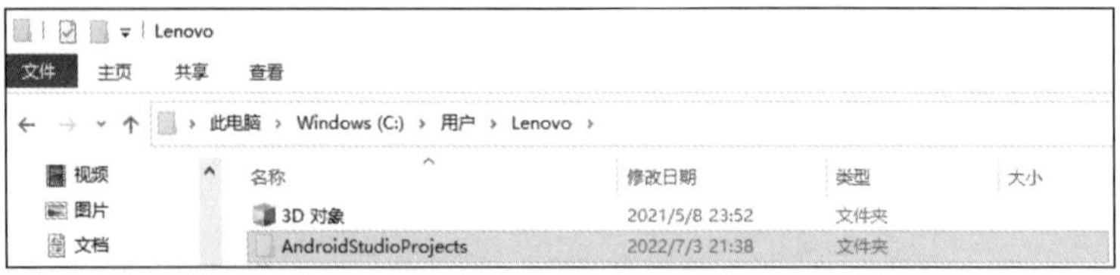

图 3-4　Android Studio 开发平台默认安装模式下的项目保存目录

所有删除的目录如图 3-5 所示。

名称	原位置
Android Open Source Project	C:\Users\Lenovo\AppData\Local
Android	C:\Users\Lenovo\AppData\Local
.gradle	C:\Users\Lenovo
.cache	C:\Users\Lenovo
.android	C:\Users\Lenovo
android-studio	C:\
AndroidStudio2021.2	C:\Users\Lenovo\AppData\Local\Google
AndroidStudio2021.2	C:\Users\Lenovo\AppData\Roaming\Google

图 3-5　卸载 Android Studio 开发平台所有删除的目录

3.3　其他安装说明

　　Android Studio 开发平台安装目录默认为用户目录，但是 Android Studio 开发平台不支持非英文目录，因此很多 Windows 操作系统中用户名是中文的开发者无法安装 Android Studio 开发平台。本书配套资源中提供了 Windows 操作系统中 Android Studio 开发平台自定义安装目录的安装指导文档。此安装方法也适用于其他所有需要自定义安装目录的情景。

3.4　Android Studio 开发平台界面说明

　　Android Studio 开发平台界面由菜单栏、导航栏、工具栏、工程目录区、编辑器窗口、信息日志窗口、底边栏和状态栏等区域组成，如图 3-6 所示。

　　菜单栏包含了 Android Studio 开发平台所有功能选项。

　　导航栏指明了编辑器窗口中所编辑文件的路径。

　　工具栏集中了常用的工具图标，单击图标可启动对应工具。

　　工程目录区按不同方式显示应用程序项目结构。

　　编辑器窗口用于布局设计和代码编辑，根据不同的文件显示不同的编辑器，例：编辑布局文件时应用布局编辑器。

　　信息日志窗口显示执行或调试应用程序项目时的各类信息或日志，通过底边栏按钮选择所需显示信息类型。

　　底边栏显示各类信息日志窗口按钮。状态栏显示应用程序项目和开发平台的状态和提示信息。

菜单栏
导航栏
工程目录区
编辑器窗口
信息日志窗口
状态栏
工具栏
底边栏

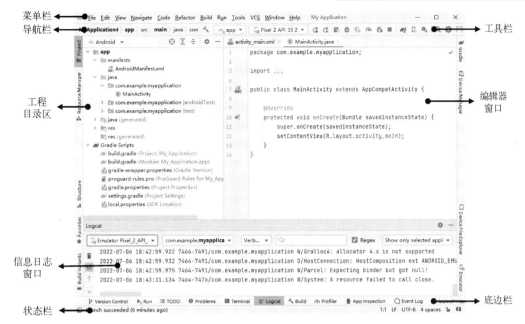

图 3-6　Android Studio 开发平台界面说明

3.5　应用程序项目结构

在 Android Studio 开发平台中应用程序的项目结构显示在工程目录区，如图 3-7 所示。

图 3-7　应用程序的项目结构

应用程序项目结构主要包括三个目录，分别是【manifests】目录、【java】目录和【res】目录。

【manifests】目录中包含 AndroidManifest.xml 文件，即项目清单文件。

【java】目录中包含 Java 源代码文件和 JUnit 测试代码文件。

【res】目录中包含所有资源文件，但资源文件不能直接存放在【res】目录内，只能存放在特定的子目录内。常见的子目录包括：【drawable】目录、【layout】目录、【mipmap】目录、【values】目录、【xml】目录。另外还有一些子目录，具体说明如表 3-1 所示。

表 3-1　【res】目录下子目录说明表

子目录名称	资源类型及说明
drawable	位图文件(.png、.png、.jpg、.gif)或编译为以下可绘制资源的 XML 文件：位图文件、矢量图(可调整大小的位图)及其他可绘制图片
layout	用户界面布局的 XML 文件
mipmap	适用于不同分辨率的图标文件
values	包含字符串、整型数和颜色等简单值的 XML 文件 arrays.xml：资源数组(类型数组) colors.xml：颜色值 dimens.xml：尺寸值 strings.xml：字符串值 styles.xml：样式 themes.xml：主题
xml	在运行时通过 Resources.getXML()读取的任意 XML 配置文件
animator	属性动画的 XML 文件
anim	渐变动画的 XML 文件
color	定义颜色状态列表的 XML 文件
menu	定义应用菜单(如选项菜单、上下文菜单或子菜单)的 XML 文件
raw	需以原始形式保存的任意文件例如音乐文件、视频文件等
font	带有扩展名的字体文件(例：.ttf、.otf 或 .ttc)，或包含<font-family>元素的 XML 文件

3.6　Android Studio 布局编辑器

Android Studio 布局编辑器用于应用程序项目中布局文件的设计工作，有三种编辑模式，分别是文本模式(Code)、分屏模式(Split)、视图模式(Design)，通过右上角编辑模式切换按钮切换，推荐使用分屏模式，如图 3-8 所示。

文本模式下，布局编辑器仅显示左侧界面文本编辑区。

视图模式下，布局编辑器仅显示右侧界面布局编辑区。

界面文本编辑区用于显示界面布局的 XML 文件代码。

控件库(Palette)用于显示常用的布局元素，包括布局容器和控件。

布局结构树(Component Tree)用于显示界面布局层次结构。

编辑模式切换按钮用于切换编辑模式。

工具栏用于显示界面布局设计中的常用工具。

属性区用于显示和配置布局容器和控件的属性值。

界面布局编辑区用于图形化界面布局编辑。

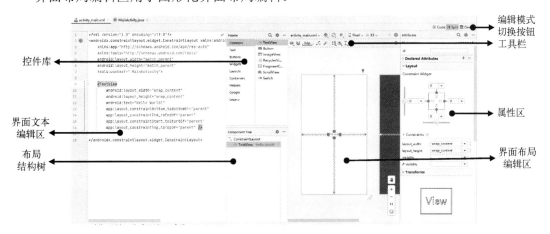

图 3-8　Android Studio 布局编辑器分屏模式

第4章

技 术 资 料

Android Studio 开发平台是应用程序开发的官方工具。本章列举了后续项目中与任务相关的技术资料，在配套资源中提供了示例源代码。

4.1 Activity 技术资料

Activity 是应用程序的四大组件之一，用于显示应用程序在屏幕中的界面并与用户进行交互。一个 Activity 对应应用程序中的一个界面。大多数应用程序中会包含多个界面，即多个 Activity。通常应用程序中会指定一个主 Activity 作为应用程序启动后的首界面。每个 Activity 都能启动另一个 Activity。

Activity 基本操作在布局文件(XML 文件)和控制文件(Java 文件)中进行。

布局文件包含 Activity UI 界面的设计和视图，由布局容器和各类控件组成，是 Activity UI 界面的显示部分。

控制文件包含 Activity UI 界面的所有控制代码，定义和关联布局文件中的布局元素，并在不同生命周期对应的方法中使用代码响应用户的交互，是 Activity UI 界面的控制部分。

4.1.1 声明 Activity

Activity 应用时必须在清单文件中进行声明。声明 Activity 是在清单文件中的 \<application\>标签下使用\<activity\>标签完成的，\<activity\>标签必须通过 android:name 属性指定 Activity 类名。

```
<manifest ... >
  <application ... >
    <activity android:name=".ExampleActivity" />
    ...
  </application ... >
  ...
</manifest >
```

4.1.2 Activity 生命周期

Activity 生命周期是指 Activity 从启动到销毁的全部过程，包括 onCreate、onStart、onResume、onPause、onStop、onRestart 和 onDestroy。

Activity 生命周期各阶段对应的方法及其功能如表 4-1 所示。

表 4-1 Activity 生命周期各阶段对应的方法及其功能

生命周期阶段	对应的方法	功能描述
onCreate	onCreate ()	当 Activity 第一次创建时调用
onStart	onStart ()	当 Activity 将进入 "已启动" 状态，对用户可见，并准备与用户交互之前的数据时调用
onResume	onResume ()	当 Activity 对用户可见，并可与用户进行交互时调用
onPause	onPause ()	当 Activity 失去焦点进入 "已暂停" 状态，对用户可见，但不可与用户交互时调用
onStop	onStop ()	当 Activity 对用户不可见时调用
onRestart	onRestart ()	当处于 "已停止" 状态的 Activity 即将重启时调用
onDestroy	onDestroy ()	销毁 Activity 之前调用

onCreate () 方法只在 Activity 第一次创建时调用，在此方法中设置所有全局应用的内容，在对应的 onDestroy () 方法中销毁并释放资源，例如用于网络下载的子线程在 onCreate () 方法中创建，在 onDestroy () 方法中停止。

onStart () 方法和 onStop () 方法可以进行多次调用，对应 Activity 可见和隐藏状态的转换，例如当 Activity 可见时在 onStart () 方法中调用监听器监听界面数据的更新，当 Activity 隐藏时在 onStop () 方法中注销此监听器。

onResume () 方法和 onPause () 方法是在用户可交互状态下，暂时保存当前状态和数据的方法，例如有一个非全屏 Activity 显示时，保存当前 Activity 的状态和数据。

onRestart () 方法在 Activity 切换时被调用。

4.1.3　新建 Activity

新建 Activity 从左侧【工程目录区】开始，打开【app】目录中的【java】文件夹，右击第一个包名，选择 "New | Activity | Empty Activity" 菜单命令，如图 4-1 所示。

图 4-1　新建 Activity 菜单命令

进入新建 Activity 的配置界面，如图 4-2 所示。

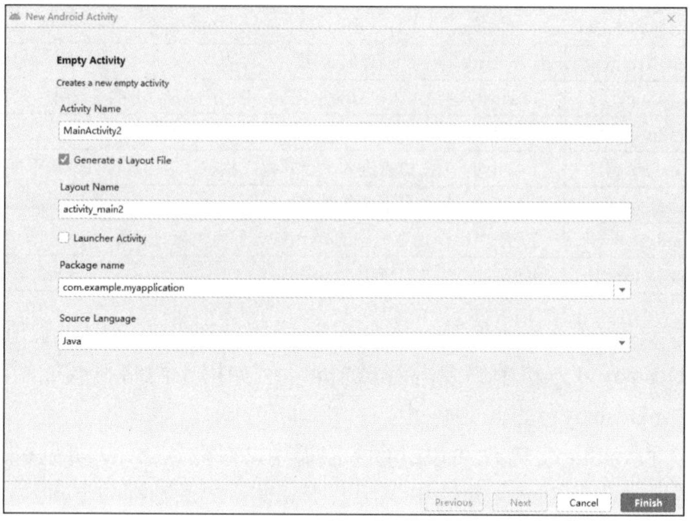

图 4-2　新建 Activity 的配置界面

Activity 界面名称（Activity Name）设置 Activity 界面的名称，命名必须以大写英文字母开头，后面可跟大写英文字母、小写英文字母、数字及下画线，不推荐其他字符，后缀为 Activity。推荐勾选【Generate a Layout File】复选框，自动生成对应的布局文件。

布局文件（Layout Name）设置 Activity 界面的布局文件名称，命名必须以小写英文字母和数字组成，推荐使用自动生成的布局文件名。

包名（Package name）无须更改，使用默认即可。

编程语言（Source Language）选择 Java。

配置完成后，单击【Finish】按钮，完成新建 Activity 操作。

4.2　Activity UI 界面布局

4.2.1　布局文件

布局文件是一个 XML 文件，用于设计界面的整体视图。布局文件放置于资源文件夹【res】目录下的【layout】文件夹中。一般自动生成的布局文件的名称是 Activity 命名的反序，例如：MainActivity 自动生成的布局文件是 activity_main.xml。另外也可从 MainActivity.java 文件中的 onCreate()方法中查看 setContentView()方法的参数，即对应布局文件的名称。

```
setContentView(R.layout.activity_main)对应布局文件为activity_main.xml
```

4.2.2　样式文件

样式文件是一个布局文件，用于设计列表控件等容器型控件中单个条目的显示视图。样式文件放置于资源文件夹【res】目录下的【layout】文件夹中，通过 Inflater 对象的 inflate()

方法进行引用。

```
        View    view    =    LayoutInflater.from(context).inflate(R.layout.item_trip_
list1,null);
```

4.2.3　界面布局

　　界面布局定义了应用程序的界面结构。界面布局中的元素分为两类，分别是布局容器和控件。布局容器继承于 ViewGroup 类，对用户不可见，用于定义控件和子布局的布局结构。控件继承于 View 类，对用户可见，用于与用户进行交互。

　　界面布局是一个层次结构，布局容器可以嵌套使用，如图 4-3 所示。

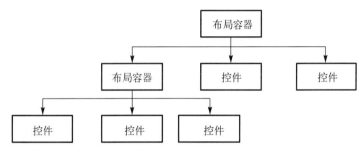

图 4-3　Activity UI 界面布局层次结构

　　界面布局的通用属性说明如表 4-2 所示。

表 4-2　界面布局的通用属性说明

属性名称	功能描述
android:id	设置界面布局的标识
android:layout_width	设置界面布局的宽度，可选项为：match_parent、wrap_content、数字
android:layout_height	设置界面布局的高度，可选项为：match_parent、wrap_content、数字
android:background	设置界面布局的背景
android:layout_margin	设置界面当前布局与屏幕边界或者与周围控件的距离，可单独设置上、下、左、右的距离
android:padding	设置界面当前布局与该布局中控件的距离，可单独设置上、下、左、右的距离

　　android:id 设置界面布局的标识，此标识在整个项目中具有唯一性，不可重复，由大小写英文字母、数字和下画线组成。

```
        android:id="@+id/layout_cons1"
```

　　android:layout_width 设置界面布局的宽度，有 match_parent、wrap_content、数字三种定义方式。match_parent 表示全屏宽度，wrap_content 表示根据内容自动调整大小，数字则是填写实际大小和单位(常用单位：dp、px、sp、in、mm、pt 等)。

```
        android:layout_width="match_parent"
        android:layout_width="wrap_content"
        android:layout_width="32dp"
```

　　android:layout_height 设置界面布局的高度，设置规则与 android:layout_width 相同。

```
android:layout_height="match_parent"
android:layout_height="wrap_content"
android:layout_height="20dp"
```

android:background 设置界面布局的背景，既可以是图片，也可以是纯色。图片需预先放置于项目【drawable】文件夹中。纯色可使用"#"加3位、4位、6位或者8位十六进制数来表达。

```
android:background="@drawable/bg11"
android:background="#2A223C"
```

android:layout_margin 设置当前界面布局与屏幕边界或者与周围控件的距离（布局外侧），直接填写数值和单位。另外还可通过 layout_marginTop、layout_marginBottom、layout_marginLeft、layout_marginRight 设置布局外侧上、下、左、右四个方向与屏幕边界或者与周围控件的距离。

```
android:layout_margin="20dp"
android:layout_marginTop="20dp"
```

android:padding 设置当前界面布局与该布局中控件的距离（布局内侧），直接填写数值和单位。另外还可通过 layout_ paddingTop、layout_ paddingBottom、layout_ paddingLeft、layout_ paddingRight 设置布局内侧上、下、左、右四个方向与该布局中控件的距离。

```
android:padding="15dp"
android:layout_paddingTop ="10dp"
```

4.3　布　局　容　器

布局容器有不同结构形态，用于设计和管理子布局和控件。Android 操作系统发展过程中，出现多种布局容器，如线性布局（LinearLayout）、相对布局（RelativeLayout）、帧布局（FrameLayout）、表格布局（TableLayout）、网格布局（GridLayout）、约束布局（ConstraintLayout）等。所有布局容器内元素默认以从左到右、从上到下的顺序排列。

本节介绍当前常用的三种布局容器，分别是约束布局、线性布局和帧布局。

4.3.1　约束布局（ConstraintLayout）

约束布局是当前主流的布局容器。在约束布局中进行设计时，所有元素均通过与父布局或与其他元素之间的关系进行定位。

1. 约束布局的常用属性

约束布局除通用属性外，常用属性还有约束对齐（constraint）系列属性，如表 4-3 所示。

表 4-3　约束布局常用属性

属性名称	功能描述
layout_constraintLeft_toLeftOf	布局元素的左边与另外一个布局元素的左边对齐
layout_constraintLeft_toRightOf	布局元素的左边与另外一个布局元素的右边对齐
layout_constraintRight_toLeftOf	布局元素的右边与另外一个布局元素的左边对齐

续表

属性名称	功能描述
layout_constraintRight_toRightOf	布局元素的右边与另外一个布局元素的右边对齐
layout_constraintTop_toTopOf	布局元素的上边与另外一个布局元素的上边对齐
layout_constraintTop_toBottomOf	布局元素的上边与另外一个布局元素的底边对齐
layout_constraintBottom_toBottomOf	布局元素的底边与另外一个布局元素的底边对齐
layout_constraintBaseline_toBaselineOf	布局元素的文本内容基准线对齐
layout_constraintStart_toStartOf	布局元素的起始边与另外一个布局元素的起始边对齐
layout_constraintStart_toEndOf	布局元素的起始边与另外一个布局元素的尾部对齐
layout_constraintEnd_toStartOf	布局元素的尾部与另外一个布局元素的起始边对齐
layout_constraintEnd_toEndOf	布局元素的尾部与另外一个布局元素的尾部对齐

约束对齐有两种方式：布局元素与父布局和布局元素之间对齐。布局元素与父布局对齐使用 parent，布局元素之间对齐使用布局元素 id。

```
app:layout_constraintTop_toTopOf="parent"
app:layout_constraintTop_toBottomOf="@+id/textView"
app:layout_constraintBaseline_toBaselineOf="@+id/button"
```

布局元素边界位置示意图如图 4-4 所示。

2. 约束布局中布局元素约束对齐操作

约束布局中，开发者使用布局元素的操作有四个步骤：(1)拖曳；(2)修改 id；(3)约束对齐；(4)配置其他属性。

(1)拖曳。将布局元素从控件库(Palette)中拖曳到界面布局编辑区。布局元素四周有四个约束定位点，初始约束定位点为空心圆圈。以按钮为例，其拖曳操作如图 4-5 所示。

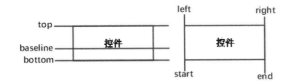

图 4-4　布局元素边界位置示意图　　　　图 4-5　约束布局中布局元素初始状态

(2)修改 id。在界面文本编辑区，修改布局元素 id。

```
android:id="@+id/btn_edge"
```

(3)约束对齐。选择约束定位点，拖动至界面边缘、其他布局元素或引导线进行定位操作，如图 4-6 所示。

约束对齐操作至少保证布局元素垂直和水平方向上有定位连接，即十字定位。

居中对齐在布局元素两侧(上下两侧或左右两侧)进行定位连接。

引导线是通过单击布局编辑器工具栏中的 ⊓ 图标建立的。

布局元素基线通过右击布局元素，在菜单中选择"Show Baseline"菜单命令启用。

图 4-6 中的数字是指间隔的距离，可以通过拖动布局元素修改，也可以在界面文本编辑区中修改对应属性的值，例：android:layout_marginTop="60dp"。

(4)配置其他属性。最后配置布局元素的其他属性。

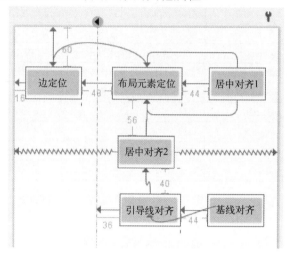

图 4-6　约束布局中约束对齐

3．链式约束组

在约束对齐操作中有一种特殊的约束对齐方式——链式约束组，简称链式约束。链式约束通过对多个布局元素进行双向约束对齐，将这些布局元素连接在一起。

链式约束有三种样式：spread、spread inside 和 packed，如图 4-7 所示。

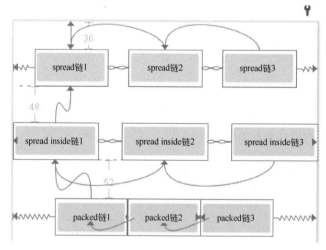

图 4-7　链式约束的三种样式

spread 样式：链式约束中布局元素在界面中均匀分布。

spread inside 样式：链式约束中，第一个布局元素和最后一个布局元素紧挨界面两端边界，其余布局元素均匀分布。

packed 样式：链式约束中布局元素集中在一起，默认居中，可通过修改第一个布局元素边距进行调整。

链式约束中布局元素支持权重设置。

以水平方向链式约束为例,链式约束的操作步骤如下:

(1)使用鼠标拉框选择所有需要链式约束的布局元素(已修改 id);

(2)右击第一个布局元素(链头),选择"Chains | Create Horizontal Chain"菜单命令,建立链式约束;

(3)右击第一个布局元素(链头),在菜单"Chains | Horizontal Chain Style"中选择 spread、spread inside 或 packed 中的任意一个菜单命令,作为链式约束的样式;也可以在文本编辑器中以属性 app:layout_constraintHorizontal_chainStyle 进行设置;

```
app:layout_constraintHorizontal_chainStyle="spread_inside"
```

(4)根据需求调整第一个布局元素(链头)的边距。

4.3.2　线性布局(LinearLayout)

线性布局所包含的布局元素只能在水平和垂直两个方向上顺序排列。

1. 线性布局常用属性

线性布局除通用属性之外,常用属性有排列方向和相对位置,如表 4-4 所示。

表 4-4　线性布局常用属性

属性名称	功能描述
android:orientation	设置线性布局中布局元素排列的方向,可选项为:horizontal(水平方向)(默认)和 vertical(垂直方向)
android:gravity	设置线性布局中布局元素相对布局容器的位置。可选项为:left(左边)(默认)、right(右边)、center(居中)、center_vertical(垂直居中)、center_horizontal(水平居中)、top(顶部)和 bottom(底部)
weight	按权重分配宽度或高度

android:orientation 设置线性布局中布局元素排列的方向,只有水平和垂直两个方向。

```
android:orientation="horizontal"
```

android:gravity 设置线性布局中布局元素相对布局容器的位置。

```
android:gravity="top"
```

2. 线性布局中布局元素排列操作

线性布局中,开发者使用布局元素的操作有四个步骤:(1)拖曳;(2)修改 id;(3)配置排列方向属性;(4)配置其他属性。

(1)拖曳。将布局元素从控件库中拖曳到界面布局编辑区。

(2)修改 id。在界面文本编辑区,修改布局元素 id。

(3)配置排列方向属性。配置 android:orientation 属性,默认是水平排列,即属性值为 horizontal；如需垂直排列则应设置属性值为 vertical,如图 4-8 所示。

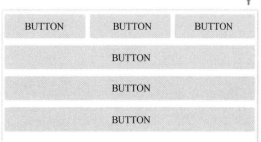

图 4-8　线性布局中布局元素排列示意图

(4)配置其他属性。最后配置布局元素的其他属性。

3．线性布局中布局元素相对位置

线性布局中，布局元素在布局容器中的相对位置，有 left(左边)(默认)、right(右边)、center(居中)、center_vertical(垂直居中)、center_horizontal(水平居中)、top(顶部)和 bottom(底部)等，如图 4-9 所示。

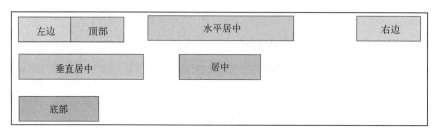

图 4-9　线性布局中布局元素相对位置示意图

4.3.3　帧布局(FrameLayout)

帧布局中，所有布局元素都是以层叠的方式排列的。

1．帧布局常用属性

帧布局除通用属性之外，常用属性有设置前景图像和设置前景图像显示位置，如表 4-5 所示。

表 4-5　帧布局常用属性

属性名称	功能描述
android:foreground	设置帧布局的前景图像(始终在所有布局元素之上)
android:foregroundGravity	设置前景图像显示位置

android:foreground 设置帧布局的前景图像，图像始终在所有布局元素之上，所用图片预先置于【drawable】或【mipmap】文件夹内。

android:foregroundGravity 设置前景图像显示位置，有左边、右边、顶部、底部、居中等，对应位置同线性布局中布局元素相对位置(见图 4-9)。

2．帧布局中布局元素排列操作

帧布局中，开发者使用布局元素的操作有三个步骤：(1)拖曳；(2)修改 id；(3)配置属性。

(1)拖曳。将布局元素从控件库中拖曳到界面布局编辑区。

(2)修改 id。在界面文本编辑区，修改布局元素 id。

(3)配置属性。最后配置布局元素的其他属性。

帧布局中，布局元素是以层叠方式排列的，因此后添加的布局元素有可能会挡住先添加的布局元素，如图 4-10 所示。

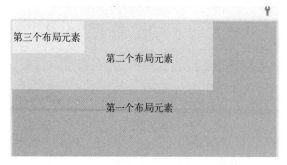

图 4-10　帧布局中布局元素排列操作

4.4　控　件

控件是用户界面必不可少的组成部分，用于与用户进行交互，分为信息控件、操作控件、集合控件和混合控件。

信息控件用于显示信息，常见的有文本框(TextView)、图片框(ImageView)、输入框(EditText)以及进度条 ProgressBar 等。

操作控件用于响应用户操作，常见的有按钮(Button)、单选按钮(RadioButton)、复选框(CheckBox)和下拉框(Spinner)等。

集合控件用于重复显示同类型信息或界面，常见的有网格控件(GridView)、列表控件(ListView)、RecyclerView 控件等。

混合控件就是将信息控件、操作控件或者集合控件组合在一起的控件。

控件的应用分为两部分，一部分是布局文件中的界面布局，另一部分就是控制文件中的控制操作。

控件的界面布局是在布局文件中，根据不同布局容器选择对应操作进行设置的，参考 4.3 节。

控件的控制操作是开发者通过在控制文件(界面布局对应的 Java 文件)中编辑代码来实现的。具体步骤有三步：(1)定义对应控件变量；(2)注册绑定控件；(3)通过代码语句进行相关操作。

(1)定义对应控件变量。添加控件的全局变量，一般为私有变量。

```
private TextView txt_test;
private ImageView img_test;
```

(2)注册绑定控件。在 onCreate()方法中进行注册绑定控件操作。调用 findViewById()方法进行控件的注册绑定，参数为布局文件(XML)中的控件 id，引用方法为 R.id.控件 id 名称。

```
txt_test = findViewById(R.id.txt_test);
img_test = findViewById(R.id.img_test);
```

(3)通过代码语句进行相关操作。根据用户需求编辑代码完成用户交互的响应操作。

4.4.1　文本框(TextView)

文本框是用于显示文字的控件，控件名称为 TextView。文本框在 Android Studio 控件库中的【Text】分类菜单下。

1. 文本框特有属性

文本框除通用属性之外，还具有一些特有属性，如表 4-6 所示。

表 4-6　文本框特有属性

属性名称	功能描述
andorid:text	设置文本的内容
android:textSize	设置文本的字体大小

属性名称	功能描述
android:textColor	设置文本的颜色
android:maxLines	设置文本显示的最大行数
android:singleLine	设置文本是否是单行显示
android:drawableLeft	用于在文本框左侧绘制图片。该属性值通过"@drawable/图片文件名"来设置
android:drawableRight	用于在文本框右侧绘制图片。该属性值通过"@drawable/图片文件名"来设置
android:drawableTop	用于在文本框上方绘制图片。该属性值通过"@drawable/图片文件名"来设置
android:drawableBottom	用于在文本框下方绘制图片。该属性值通过"@drawable/图片文件名"来设置
android:autoLink	给指定的文本添加可单击的超链接。可选项为：none、web、email、phone、map 和 all，多个选项之间使用"|"分隔，也可以使用 all
android:textAllCaps	设置所有字母都大写
android:ellipsize	文字过长时设置省略号，可选项为：start、end、middle、marquee
android:lineSpacingExtra	文本行间距
android:textScaleX	文本字间距

andorid:text 属性设置文本的内容，可以直接赋值，也可以引用 string.xml 中的字符串。

```
android:text="学院介绍"
android:text="@string/app_name"
```

android:textSize 属性设置文本的字体大小，直接用数值表达，推荐单位 sp。

```
android:textSize="20sp"
```

android:textColor 属性设置文本的颜色，可用 3 位、4 位、6 位、8 位十六进制数表达，也可引用 color.xml 中配置的颜色。

```
android:textColor="#00BCD4"
android:textColor="@color/white"
```

android:maxLines 属性设置文本显示的最大行数，直接设置数值，不需要单位。

```
android:maxLines="2"
```

android:singleLine 属性设置文本是否是单行显示，赋值 true 或者 false。

```
android:singleLine="true"
```

android:ellipsize 属性是当文字过长时设置省略号，赋值指定省略号的位置，可选项为：start、end、middle、marquee(跑马灯)。

```
android:ellipsize="end"
```

2. 常见控制操作

在控制文件中，定义和注册绑定文本框后，才能进行控制操作。

1)赋值

对文本框重新赋值，调用 setText()方法。

```
txt_test.setText("控制文件修改文字1");          //直接修改文本框内容
txt_test2.setText(R.string.teststringconfig);   //引用string.xml中的
                                                    字符串
```

预先在 strings.xml 中配置。

```
<string name="teststringconfig">控制文件测试文字</string>
```

2)修改文字颜色

修改文本框文字显示颜色,调用 setTextColor()方法,可用十六进制数值、引用 color.xml 文件中预设颜色值、引用系统设置颜色等方式。

```
txt_test.setTextColor(0XFFFF0000);          //十六进制数值(整型格式)
txt_test2.setTextColor(getResources().getColor(R.color.blue));
                                                //引用预设颜色
```

或者

```
txt_test.setTextColor(Color.parseColor("#FFFF0000"));
                                                //十六进制数值(字符串格式)
txt_test2.setTextColor(Color.RED);          //引用系统颜色
```

预先在 color.xml 中配置。

```
<color name="blue">#FF0000FF</color>
```

3)修改文字大小

修改文本框文字大小,调用 setTextSize()方法。

```
txt_test.setTextSize(20);
txt_test2.setTextSize(25);
```

4)示例

文本框示例如图 4-11 所示。

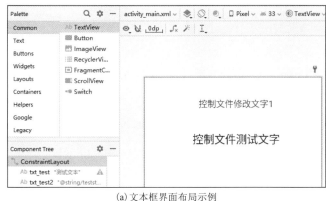

(a)文本框界面布局示例   (b)模拟器运行效果

图 4-11　文本框示例

4.4.2　图片框(ImageView)

图片框是用于显示图片的控件,控件名称为 ImageView。图片框在 Android Studio 控件库中的【Widgets】分类菜单下。

1. 图片框特有属性

图片框除通用属性之外，还具有一些特有属性，如表 4-7 所示。

表 4-7　图片框特有属性

属性名称	功能描述
app:srcCompat	设置图片路径(拖曳图片框时自动生成，要求 API 23 以上)
android:src	设置图片路径
android:foreground	设置前景图/颜色
android:background	设置背景图/颜色
android:scaleType	设置显示的图片如何缩放或者移动以适应图片框的大小，可选项如下。 matrix：用矩阵的方式绘制，从图片框的左上角开始绘制原图，不缩放图片，超过图片框部分做裁剪处理 center：保持原图的大小，显示在图片框的中心。当原图的尺寸大于图片框的尺寸时，超过部分做裁剪处理 centerCrop：保持横纵比缩放图片，直到完全覆盖图片框为止(指的是图片框的宽和高都要填满)，原图超过图片框的部分做裁剪处理 centerInside：将图片的内容完整居中显示，通过按比例缩小原图尺寸的宽高，使其等于或小于图片框的宽高。如果原图的尺寸本身就小于图片框的尺寸，则原图的尺寸不做任何处理，居中显示在图片框中 fitXY：把原图宽高进行不保持原比例放缩，直到填充满图片框为止 fitStart：把原图按比例放缩使其宽或高等于图片框的宽或高，放缩完成后将图片放在图片框的左上角 fitCenter：把原图按比例放缩使其宽或高等于图片框的宽或高，放缩后放于图片框中间 fitEnd：把原图按比例放缩使其宽或高等于图片框的宽或高，放缩完成后将图片放在图片框的右下角
android:adjustViewBounds	通过调整图片框的边界来保持图片的宽高比例，可选项为：true、false

app:srcCompat 属性设置图片路径，推荐图片路径设置在【drawable】文件夹中。拖曳图片框时自动生成，要求 API 23 以上。

```
app:srcCompat="@drawable/hbctcbanner"
```

android:src 属性设置图片路径，无 API 限制。

```
android:src="@drawable/hbctcbanner"
```

android:scaleType 属性设置显示的图片如何缩放或者移动以适应图片框的大小。选项有 matrix、center、centerCrop、centerInside、fitStart、fitCenter、fitEnd、fitXY。其中只有 fitXY 选项具有铺满拉伸功能，可能造成图片变形。

```
android:scaleType="fitXY"
```

android:adjustViewBounds 属性通过调整图片框的边界来保持图片的宽高比例，即图片框大小自动调整为图片的高宽比例。

```
android:adjustViewBounds="true"
```

注意：android:adjustViewBounds 属性设置为 true 时，会把图片框的 android:scaleType 属性设置为 fitCenter；如果同时还设置 android:scaleType 属性，则 android:scaleType 的优先

级会高于 android:adjustViewBounds，图片框保持原比例，显示 android:scaleType 属性设置。如果出现上述情况，还要显示 android:adjustViewBounds 属性设置，则必须在控制文件代码中重新设置 setAdjustViewBounds 的值为 true，android:adjustViewBounds 属性设置才会生效。

2．常见控制操作

在控制文件中，定义和注册绑定图片框后，才能进行控制操作。

1）赋值

对图片框重新赋值，调用 setImageResource()或 setImageDrawable()方法，引用【drawable】文件夹下的图片。

```
img_test1.setImageResource(R.drawable.banner_new);
img_test2.setImageDrawable(getResources().getDrawable(R.drawable.banner_new));
```

2）设置显示格式

修改图片框显示格式，调用 setScaleType()方法。

```
img_test1.setScaleType(ImageView.ScaleType.MATRIX);
```

3）设置调整图片框边界时是否保持图片横纵比

调整图片框边界时是否保持图片横纵比，调用 setAdjustViewBounds()方法进行设置。

```
img_test2.setAdjustViewBounds(true);
```

4）示例

图片框示例如图 4-12 所示。

(a)图片框界面布局示例　　　　　　(b)模拟器运行效果

图 4-12　图片框示例

4.4.3　输入框（EditText）

输入框是用于接收用户输入内容的控件，控件名称为 EditText。输入框在 Android Studio 控件库中的【Text】分类菜单下。注意在控件库中不同类型输入框的名称不同，例如普通输入框（Plain Text）、密码输入框（Password）等。

1．输入框特有属性

输入框继承自文本框，除通用属性之外，还具有文本框的属性，而输入框的特有属性如表 4-8 所示。

表 4-8　输入框的特有属性

属性名称	功能描述
android:inputType	设置字符输入类型。常见选项为：textPersonName、textPassword、numberPassword、textEmailAddress、phone、number、textMultiLine 等(实际类型选项随版本不同有所不同，以实际版本为准)
android:maxLength	限制文本长度，超出长度的文本无效
android:hint	设置输入提示语
android:textColorHint	设置输入提示语文本颜色
android:textScaleX	设置输入字符间距
android:ems	设置控件宽度为多少个字符 M 的宽度(中文系统下以中文字符为准，不是英文字符 M)

android:inputType 属性设置输入框字符输入类型，可选项随着版本的更新不断变化，常见选项有：textPersonName、textPassword、numberPassword、textEmailAddress、phone、number、textMultiLine 等，对应常规输入、密码输入、多行输入等输入类型。

```
android:inputType="textMultiLine"
```

android:maxLength 属性限制输入文本长度，超出长度输入无效。

```
android:maxLength="6"
```

android:hint 属性设置输入提示语，有输入即消失，不影响输入内容。直接输入字符或引用 string.xml 中字符串。

```
android:hint="请输入账号"
```

或者

```
android:hint="@string/hintaccount"
```

android:textColorHint 属性设置输入提示语文本颜色，使用十六进制数或引用 color.xml 中颜色。

```
android:textColorHint="#FFFF0000"
```

或者

```
android:textColorHint="@color/black"
```

2．常见控制操作

在控制文件中，定义和注册绑定输入框后，才能进行控制操作。

1）取值

从输入框中取值，调用 getText()方法。

```
String name=edt_name.getText().toString();
String pswd=edt_pswd.getText().toString();
```

2）赋值

对输入框重新赋值，调用 setText()方法。

```
txt_test.setText("控制文件修改文字 1");    //直接修改输入框内容
txt_test2.setText(R.string.teststring);    //引用 string.xml 中的字符串
```

预先在 strings.xml 中配置。

```
<string name="teststring">控制文件测试文字</string>
```

3）示例

输入框示例如图 4-13 所示。

(a)输入框界面布局示例 　　　　　　　　　　　(b)模拟器运行效果

图 4-13　输入框示例

4.4.4　按钮（Button）

按钮用于响应点击操作，控件名称为 Button。按钮在 Android Studio 控件库中的【Buttons】分类菜单下。

1．按钮特有属性

按钮继承自文本框，除通用属性之外，还具有文本框的属性，而按钮特有属性如表 4-9 所示。

表 4-9　按钮特有属性

属性名称	功能描述
android:enabled	设置控件禁用属性，可选项为：true、false
android:onClick	点击此控件时调用的方法

android:enabled 属性设置控件禁用属性，默认 true。

```
android:enabled="false"
```

目前 android:onClick 属性已经废弃，不推荐使用。

2．常见控制操作

在控制文件中，定义和注册绑定按钮后，才能进行控制操作。

1）响应点击的方法

按钮响应点击，调用 setOnClickListener()方法，参数是对应的监听器对象。监听器对象通过实例化监听器的内部类定义。实例化监听器的内部类有两种方法：匿名内部类和内部类。

(1)匿名内部类。

使用匿名内部类的代码如下。

```
btn_test3.setOnClickListener(new View.OnClickListener() {
    @Override
    public void onClick(View v) {
        String btnstr = btn_test3.getText().toString();
        Log.d("匿名内部类","按钮的名称是: " + btnstr );
    }
});
```

(2)内部类。

使用内部类的代码分为两部分，一部分是 onCreate()方法中的操作代码，另一部分是控制类里的内部类代码。

onCreate()方法中的操作代码如下。

```
btn_test4.setOnClickListener(new Click());
```

控制类里的内部类代码如下。

```
private class Click implements View.OnClickListener {
    @Override
    public void onClick(View v) {
        String btnstr = btn_test4.getText().toString();
        Log.d("内部类","按钮的名称是: " + btnstr);
    }
}
```

2) 示例

按钮示例如图 4-14 所示。

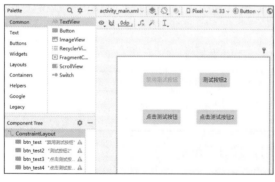

(a)按钮界面布局示例　　　　　　　　　　(b)模拟器运行效果

(c)点击按钮后的运行结果

图 4-14　按钮示例

4.4.5　图片按钮（ImageButton）

图片按钮是图片框和按钮的结合功能的控件，用于使用图片响应点击操作，控件名称为 ImageButton。图片按钮在 Android Studio 控件库中的【Buttons】分类菜单下。

1．图片按钮特有属性

图片按钮继承自图片框，所有属性与图片框相同，如表 4-7 所示；另外还具有按钮的部分属性，如表 4-9 所示。

注意图片按钮没有文字显示属性。

2．常见控制操作

在控制文件中，定义和注册绑定图片按钮后，才能进行控制操作。

图片按钮赋值及图片相关操作与图片框操作完全相同，响应点击操作与按钮的响应点击操作完全相同，此处不做赘述。

4.4.6　单选按钮组（RadioGroup）和单选按钮（RadioButton）

单选按钮是单个的圆形的选择按钮，用于选择一个按钮内容，控件名称为 RadioButton。单选按钮在 Android Studio 控件库中的【Buttons】分类菜单下。

单选按钮组是一个容器，用于容纳多个单选按钮，控件名称为 RadioGroup。单选按钮组在 Android Studio 控件库中的【Buttons】分类菜单下。

在同一个单选按钮组中的所有单选按钮只能有一个被选中；不放入单选按钮组中的单选按钮可以多选，和复选框无异，因此单选按钮和单选按钮组往往配合使用。

1．单选按钮组和单选按钮特有属性

单选按钮继承自按钮，除通用属性之外，还具有按钮的属性，而单选按钮的特有属性如表 4-10 所示。

表 4-10　单选按钮的特有属性

属性名称	功能描述
android:checked	设置初始选中状态，可选项为：true、false

android:checked 属性设置单选按钮初始选中状态，若为 true 则默认被选中，false 则默认不被选中。

```
android:checked="true"
```

单选按钮组继承自线性布局，除通用属性之外，还具有线性布局的属性，而单选按钮组的特有属性如表 4-11 所示。

表 4-11　单选按钮组的特有属性

属性名称	功能描述
android:checkedButton	设置默认选中的单选按钮

android:checkedButton 属性设置单选按钮组中默认选中的单选按钮，属性值为已经放入单选按钮组中的单选按钮 id。

```
android:checkedButton="@id/rb_test1"
```

2．布局操作

在布局文件中，必须先配置单选按钮组，然后将单选按钮配置于单选按钮组之内。单选按钮组内是线性布局，因此单选按钮的排列方向按线性布局方式设置。

3．常见控制操作

在控制文件中，定义和注册绑定单选按钮组和单选按钮后，才能进行控制操作。
1)取值
从单选按钮中取值，调用 getText()方法。

```
String strrb = rabtn.getText().toString();
```

2)判断单选按钮是否被选中

判断单选按钮是否被选中，调用单选按钮组的 CheckedChangeListener()方法，参数是对应的监听器对象。具体判断方法有两种：直接判断单选按钮和在单选按钮组中判断。

(1)直接判断单选按钮。

使用条件判断语句对单选按钮逐个判断。

```
rg_gender.setOnCheckedChangeListener(new RadioGroup.OnCheckedChangeListener() {
        @Override
        public void onCheckedChanged(RadioGroup group, int checkedId) {
            switch (checkedId){
                case (R.id.rb_male):
                    Toast.makeText(MainActivity.this,"您选中的是" +
                        rb_male.getText(),Toast.LENGTH_SHORT).show();
                    break;
                case (R.id.rb_female):
                    Toast.makeText(MainActivity.this,"您选中的是" +
                        rb_female.getText(),Toast.LENGTH_SHORT).show();
                    break;
            }
        }
});
```

(2)在单选按钮组中判断。

使用 findViewById()方法赋值判断。

```
rg_grade.setOnCheckedChangeListener(new RadioGroup.OnCheckedChangeListener() {
        @Override
        public void onCheckedChanged(RadioGroup group, int checkedId) {
            RadioButton rabtn = group.findViewById(checkedId);
            String strrb = rabtn.getText().toString();
```

```
            Toast.makeText(MainActivity.this,"您选中的是" +
                strrb,Toast.LENGTH_SHORT).show();
        }
    });
```

3）示例

单选按钮组和单选按钮示例如图 4-15 所示。

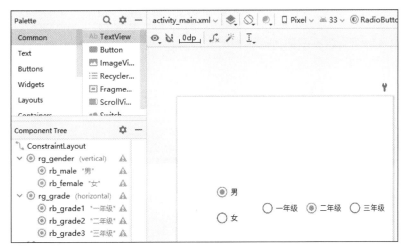

(a) 单选按钮组和单选按钮界面布局示例

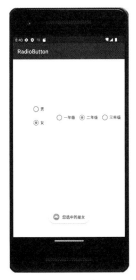

(b) 模拟器运行效果 1

(c) 模拟器运行效果 2

图 4-15 单选按钮组和单选按钮示例

4.4.7 复选框（CheckBox）

复选框是方形的选择按钮，用于选择一个或多个按钮内容，控件名称为 CheckBox。复选框在 Android Studio 控件库中的【Buttons】分类菜单下。

1. 复选框特有属性

复选框继承自按钮，除通用属性之外，还具有按钮的属性，而复选框的特有属性如表 4-12 所示。

表 4-12　复选框的特有属性

属性名称	功能描述
android:checked	设置复选框的初始选中状态，可选项为：true、false

android:checked 属性设置复选框的初始选中状态，若设置为 true 则默认复选框被选中，设置为 false 则默认复选框不被选中。

```
android:checked="true"
```

2. 常见控制操作

在控制文件中，定义和注册绑定复选框后，才能进行控制操作。

1）取值

从复选框中取值，调用 getText()方法。

```
String strchk = chk_junior.getText();
```

2）取界面中所有被选中复选框的值

取界面所有被选中复选框的值，需检查所有复选框的 isChecked()属性，然后取值。一般需要某个操作触发取值操作，例如按钮点击。

```
btn_chk.setOnClickListener(new View.OnClickListener() {
    @Override
    public void onClick(View v) {
        String strchk = "";
        if(chk_freshman.isChecked()){
            strchk = strchk + chk_freshman.getText();
        }
        if(chk_sopho.isChecked()){
            strchk = strchk + chk_sopho.getText();
        }
        if(chk_junior.isChecked()){
            strchk = strchk + chk_junior.getText();
        }
        if(chk_senior.isChecked()){
            strchk = strchk + chk_senior.getText();
        }
        Toast.makeText(MainActivity.this,strchk,Toast.LENGTH_SHORT).show();
    }
});
```

3）示例

复选框示例如图 4-16 所示。

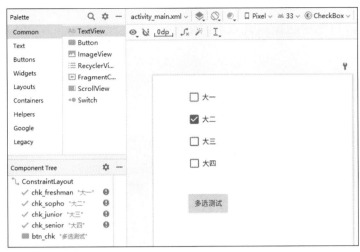

(a)复选框界面布局示例　　　　　　　　　(b)模拟器运行效果

图 4-16　复选框示例

4.4.8　垂直滚动控件（ScrollView）

垂直滚动控件是指在垂直方向可以上下滚动供用户浏览超过界面内容的容器，控件名称为 ScrollView。垂直滚动控件在 Android Studio 控件库中的【Containers】分类菜单下。

垂直滚动控件继承自帧布局，因此为了防止控件叠加，在垂直滚动控件中会自动加入垂直排列的线性布局，界面布局中的其他控件均放置于此线性布局中。

自带滚动条的控件不能放置于垂直滚动控件中，例如网格控件、列表控件、RecyclerView 控件等，以免产生冲突。

垂直滚动控件示例如图 4-17 所示。

(a)垂直滚动控件界面布局示例　　　　　(b)模拟器运行效果 1　　　(c)模拟器运行效果 2

图 4-17　垂直滚动控件示例

4.4.9 水平滚动控件（HorizontalScrollView）

水平滚动控件是指在水平方向可以左右滚动供用户浏览超过界面内容的容器，控件名称为 HorizontalScrollView。水平滚动控件在 Android Studio 控件库中的【Containers】分类菜单下。

水平滚动控件继承自帧布局，因此为了防止控件叠加，在水平滚动控件中会自动加入水平排列的线性布局，界面布局中的其他控件均放置于此线性布局中。

水平滚动控件示例如图 4-18 所示。

(a) 水平滚动控件界面布局示例　　　(b) 模拟器运行效果 1　　　(c) 模拟器运行效果 2

图 4-18　水平滚动控件示例

4.4.10 下拉框（Spinner）

下拉框是折叠式的选择容器，用于选择一个选项内容，控件名称为 Spinner。下拉框在 Android Studio 控件库中的【Containers】分类菜单下。

1. 下拉框特有属性

下拉框继承自 ViewGroup 的子类 AdapterView，除通用属性之外，还有一些下拉框特有属性，如表 4-13 所示。

表 4-13　下拉框特有属性

属性名称	功能描述
android:dropDownWidth	设置下拉框的宽度
android:popupBackground	设置下拉框的背景
android:prompt	设置对话框模式的下拉框的提示信息(标题)
android:spinnerMode	设置下拉框的模式
android:entries	使用数组资源设置下拉框的列表项目

android:spinnerMode 属性设置下拉框的显示模式，可选项为：dialog、dropdown，默认为 dropdown。

```
android:spinnerMode="dialog"
```

android:dropDownWidth 属性设置下拉框的宽度，在对话框模式下无效。

```
android:dropDownWidth="100dp"
```

android:prompt 属性设置对话框模式的下拉框的标题信息，只能够引用 strings.xml 中的<string>标签下的字符串，而不能直接写字符串。

android:entries 属性使用数组资源设置下拉框的列表项目。数组资源设置在 string.xml 中，推荐使用<string_array>标签。

```
android:entries="@array/spinner_cates"
```

预先在 strings.xml 中配置。

```
<string-array name="spinner_cates">
<item>川菜</item>
<item>粤菜</item>
<item>湘菜</item>
<item>鲁菜</item>
<item>苏菜</item>
</string-array>
```

2．常见控制操作

在控制文件中，定义和注册绑定下拉框后，才能进行控制操作。所有继承于 AdapterView 类的控件，在控制文件中，均可通过数据适配器对数据进行配置，然后在控件中显示。下拉框除可以在布局文件中使用 android:entries 属性配置数据之外，还可以通过数组数据适配器（ArrayAdapter）配置数据。

1）配置数据源

数组数据适配器的数据源类型为数组，也可以从数据库或其他数据源中读取数据，格式化为数组类型。

```
String[] sn = {"92 号","95 号","98 号"};
```

2）配置数组数据适配器

数组数据适配器有三个参数，第一个是上下文，通过引用 this 即可使用当前 Activity 作为上下文；第二个参数是显示样式，在 android.R.layout 下内置了很多样式，可自由选择；第三个参数是数据源，即数组。

```
ArrayAdapter<String> sn_adapter =
    new ArrayAdapter<>(this, android.R.layout.simple_list_item_1, sn);
```

3）显示

下拉框调用 setAdapter()方法显示数据，参数是数组数据适配器对象。

```
spin_test.setAdapter(sn_adapter);
```

4）响应点击操作

下拉框响应点击操作通过调用 setOnItemSelectedListener()方法完成，参数是对应的监听器对象。

```
spin_test.setOnItemSelectedListener(new AdapterView.OnItemSelectedListener() {
    @Override
    public void onItemSelected(AdapterView<?> parent, View view, int
```

```
                            position, long id) {
            取值语句(四种取值方式任取其一即可)
            其他操作语句
            Toast.makeText(MainActivity.this,str,Toast.LENGTH_SHORT).show();
        }
        @Override
        public void onNothingSelected(AdapterView<?> parent) {
        }
    });
```

其中取值方式有四种：

(1)使用下拉框本身取值。

```
String str = spin_test.getSelectedItem().toString();
```

(2)使用数据源取值。

```
String str = sn[position];
```

(3)使用数据适配器取值。

```
String str = parent.getItemAtPosition(position).toString();
```

(4)使用 view 取值。

```
String str = ((TextView) view).getText().toString();
```

5)示例

下拉框示例如图 4-19 所示。

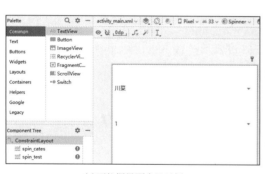  

(a)下拉框界面布局示例　　　　(b)模拟器运行效果 1　　(c)模拟器运行效果 2

图 4-19　下拉框示例

4.4.11　网格控件（GridView）

网格控件是一个以网格方式排列界面内容的容器，控件名称为 GridView。网格控件在 Android Studio 控件库中的【Legacy】分类菜单下。

1．网格控件特有属性

网格控件继承自 ViewGroup 的子类 AdapterView，除通用属性之外，还有一些特有属性，如表 4-14 所示。

表 4-14　网格控件特有属性

属性名称	功能描述
android:numColumns	设置网格控件的列数，auto_fit 表示设置为自动
android:stretchMode	设置网格内容缩放模式，可选项为：columnWidth、spacingWidth、spacingWidthUniform、none
android:columnWidth	设置每列的宽度
android:verticalSpacing	设置两行之间的边距
android:horizontalSpacing	设置两列之间的边距
android:scrollbars	设置滚动条的显示方向或是否显示，可选项为：vertical、horizontal、none
android:fadeScrollbars	设置滚动条的自动隐藏和显示，可选项为：true、fasle
android:stackFromBottom	设置网格内容是否下对齐，可选项为：true 和 false
android:transcriptMode	设置网格控件自动滑动方向，可选项为：alwaysScroll、disable 和 normal

android:numColumns 属性设置网格控件的列数。

```
android:numColumns="2"
```

android:stretchMode 属性设置网格内容缩放模式，可选项为：columnWidth、spacingWidth、spacingWidthUniform、none。当设置为 columnWidth 时，表示缩放至列宽大小。

```
android:stretchMode="columnWidth"
```

android:columnWidth 属性设置每列的宽度。

```
android:columnWidth="100dp"
```

android:verticalSpacing 属性设置两行之间的边距。

```
android:verticalSpacing="2dp"
```

android:horizontalSpacing 属性设置两列之间的边距。

```
android:horizontalSpacing="5dp"
```

android:scrollbars 属性设置滚动条的显示方向或是否显示，可选项为：vertical、horizontal、none。当设置为 none 时将不显示滚动条。

```
android:scrollbars="horizontal"
```

android:fadeScrollbars 属性设置为 true 时可以实现滚动条的自动隐藏和显示，当设置为 false 时滚动条不隐藏。

```
android:fadeScrollbars="false"
```

2．常见控制操作

在控制文件中，定义和注册绑定网格控件后，才能进行控制操作。

网格控件可以使用简单数据适配器(SimpleAdapter)或基础数据适配器(BaseAdapter)配置数据。在这两种数据适配器中都需要配置样式文件。下面以使用简单数据适配器为例。

1) 配置数据源

简单数据适配器的数据源类型为 List，也可以从数据库或其他数据源中读取数据，格式化为 List 类型。

```java
private int[] imgs = {R.drawable.hhl,R.drawable.cjdq,R.drawable.dh,R.drawable.hlg,
        R.drawable.hbsbwg,R.drawable.ljyl,R.drawable.mltc,R.drawable.hygy,
        R.drawable.thl,R.drawable.xhgmjng,R.drawable.hkjt,R.drawable.dhld,
        R.drawable.msyhy};
private String[] names = {"黄鹤楼","长江大桥","东湖","欢乐谷","湖北省博物馆",
        "两江游览","木兰天池","极地海洋公园","昙华林","辛亥革命纪念馆",
        "汉口江滩","东湖绿道","磨山樱花园"};
private List<Map<String,Object>> getData() {
    List<Map<String,Object>> list = new ArrayList<Map<String,Object>>();
    for(int i=0;i<imgs.length;i++){
        Map<String,Object> map = new HashMap<String,Object>();
        map.put("img" , imgs[i]);
        map.put("name" , names[i]);
        list.add(map);
    }
    return list;
}
```

其中，getData()方法将所有数据格式化为 List 类型数据源。

2) 设计样式文件

简单数据适配器中的样式文件用于指定每条数据在控件中显示的样式。

样式文件是一个 XML 文件，建立在资源目录【res】下的【layout】文件夹中。

样式文件的布局容器的高度和宽度设置为 wrap_content，控件设计一般选择左上齐或自动居中，margin 属性设置不要过大以免影响显示。图片框的高度和宽度设置具体数值。网格控件样式文件示例如图 4-20 所示。

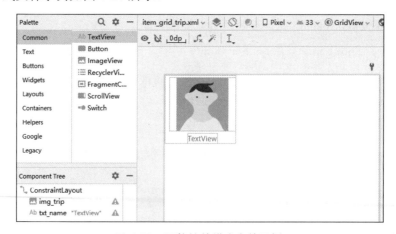

图 4-20　网格控件样式文件示例

3)配置数据适配器

简单数据适配器有五个参数：上下文；数据源(数据类型为 List)；样式文件；数据源中的键值；键值对应的赋值控件 id。

```
List gridlist = getData();
SimpleAdapter tripAdapter = new SimpleAdapter(this,gridlist,
            R.layout.item_grid_trip, new String[]{"img","name"},
            new int[]{R.id.img_trip, R.id.txt_name});
```

4)显示

网格控件调用 setAdapter()方法显示数据，参数是简单数据适配器对象。

```
grid_test.setAdapter(tripAdapter);
```

5)响应点击条目操作

网格控件响应点击条目操作通过调用 setOnItemClickListener()方法完成，参数是对应的监听器对象。

```
grid_test.setOnItemClickListener(new AdapterView.OnItemClickListener() {
    @Override
    public void onItemClick(AdapterView<?> parent, View view, int
            position, long id) {
        取值语句(四种取值方式任取其一即可)
        其他操作语句
    }
});
```

其中，获取条目数据的方式有四种：

(1)通过网格控件取值。

```
Map map = (Map) grid_test.getItemAtPosition(position);
```

(2)通过数据源取值。

```
Map map = gridlist.get(position);
```

(3)通过 parent 取值。

```
Map map = (Map) parent.getItemAtPosition(position);
```

(4)通过 view 取值。通过 view 获取单个控件的值。

```
TextView textView =view.findViewById(R.id.txt_name);
String trip_name = textView.getText().toString();
```

6)示例

网格控件示例如图 4-21 所示。

3. 无滚动网格控件

无滚动网格控件是通过修改网格控件高度得到的无滚动条的网格控件，多用于网格控件、列表控件嵌套的情况。

新建一个继承于 GridView 的类，自动生成相关方法后，重载 onMeasure()方法，修改高度即可。

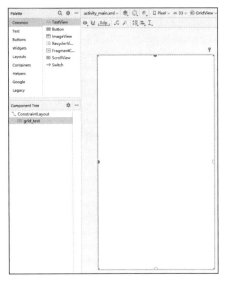

(a)网格控件界面布局示例   (b)模拟器运行效果

图 4-21　网格控件示例

```java
public class NoScrollGridView extends GridView {
    public NoScrollGridView(Context context) {
        super(context);
    }
    public NoScrollGridView(Context context, AttributeSet attrs) {
        super(context, attrs);
    }
    public NoScrollGridView(Context context, AttributeSet attrs, int
            defStyleAttr) {
        super(context, attrs, defStyleAttr);
    }
    @Override
    protected void onMeasure(int widthMeasureSpec, int heightMeasureSpec) {
        int expandSpec = MeasureSpec.makeMeasureSpec(Integer.MAX_
                VALUE >> 2, MeasureSpec.AT_MOST);
        super.onMeasure(widthMeasureSpec, expandSpec);
    }
}
```

4.4.12　列表控件(ListView)

列表控件是一个以列表方式排列界面内容且可垂直滑动的容器,控件名称为 ListView。列表控件在 Android Studio 控件库中的【Legacy】分类菜单下。

1. 列表控件特有属性

列表控件继承自 ViewGroup 的子类 AdapterView,除通用属性之外,还有一些列表控件特有属性,如表 4-15 所示。

表 4-15　列表控件特有属性

属性名称	功能描述
android:divider	设置一个图片为行间隔
android:dividerHeight	设置间隔图片的高度
android:stackFromBottom	设置列表内容是否从底部开始显示，可选项为：true、false
android:transcriptMode	设置列表控件自动滑动选项，可选项为：alwaysScroll、disable 和 normal
android:scrollbars	设置滚动条的显示方向或是否显示，可选项为：vertical、horizontal、none
android:fadeScrollbars	设置滚动条的自动隐藏和显示，可选项为：true、false
android:fastScrollEnabled	设置是否启动快速滚动滑块，可选项为：true、false。当显示内容长度小于当前列表控件的 4 个屏幕高度时，不会出现快速滚动滑块
android:entries	使用数组资源设置列表控件的列表项目

android:divider 属性设置每一行之间的间隔图片,如设置成@null,则去掉行之间的分隔线。

```
android:divider="@null"
```

android:dividerHeight 属性设置间隔图片的高度。

```
android:dividerHeight="2dp"
```

android:stackFromBottom 属性设置列表内容是否从底部开始显示，可选项为：true、false。该属性设置为 true 之后列表内容就从列表控件的底部开始显示。

```
android:stackFromBottom="true"
```

android:transcriptMode 属性设置成 alwaysScroll 时，在列表满屏后，自动滑动到最新一条内容处。

```
android:transcriptMode="alwaysScroll"
```

android:entries 属性使用数组资源设置列表控件的列表项目。数组资源设置在 string.xml 中，推荐使用 string_array。

```
android:entries="@array/list_test"
```

2．常见控制操作

在控制文件中，定义和注册绑定列表控件后，才能进行控制操作。

列表控件可以使用数组数据适配器、简单数据适配器或基础数据适配器配置数据。数组数据适配器配置方法参考 4.4.10 节；简单数据适配器配置方法参考 4.4.11 节，下面介绍使用基础数据适配器配置数据的步骤。

1）配置数据源

基础数据适配器的数据源类型为 List。也可以从数据库或其他数据源中读取数据，格式化为 List 类型。

```
private int[] imgs = {R.drawable.hhl,R.drawable.cjdq,R.drawable.dh,R.drawable.hlg,
    R.drawable.hbsbwg,R.drawable.ljyl,R.drawable.mltc,R.drawable.hygy,
    R.drawable.thl,R.drawable.xhgmjng,R.drawable.hkjt,R.drawable.dhld,
    R.drawable.msjq};
```

```
private String[] names = {"黄鹤楼","长江大桥","东湖","欢乐谷","湖北省博物馆",
        "两江游览","木兰天池","极地海洋公园","昙华林","辛亥革命纪念馆",
        "汉口江滩","东湖绿道","磨山景区"};
private int[] descs = {R.string.hhl,R.string.cjdq,R.string.dh,R.string.hlg,
        R.string.hbsbwg,R.string.ljyl,R.string.mltc,R.string.hygy,
                R.string.thl,
        R.string.xhgmjng,R.string.hkjt,R.string.dhld,R.string.msjq};
private List<Map<String,Object>> getData() {
    List<Map<String,Object>> list = new ArrayList<Map<String,Object>>();
    for(int i=0;i<imgs.length;i++){
    Map<String,Object> map = new HashMap<String,Object>();
    map.put("img" , imgs[i]);
    map.put("name" , names[i]);
    map.put("desc", descs[i]);
    list.add(map);
    }
    return list;
}
```

其中，getData()方法将所有数据格式化为 List 类型数据源。

2) 设计样式文件

基础数据适配器中的样式文件用于指定每条数据在控件中显示的样式。

样式文件是一个 XML 文件，建立在资源目录【res】中的【layout】文件夹中。

样式文件的布局容器的高度和宽度设置为 wrap_content，控件设计一般选择左上齐或自动居中，margin 属性设置不要过大以免影响显示。图片框的高度和宽度应设置具体数值。列表控件样式文件示例如图 4-22 所示。

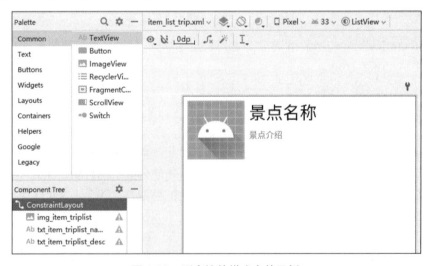

图 4-22　列表控件样式文件示例

3) 设置数据适配器

(1) 新建一个类，继承于 BaseAdapter，自动生成相关方法。

(2) 定义两个全局变量，分别是上下文变量（Context 类型）和数据源变量（List 类型）。

(3)添加含有参数的构造方法，两个参数分别是 Context 类型和 List 类型。在构造方法中对全局变量赋值。

(4)新建一个内部类，定义样式文件布局中的所有控件对应的变量。

(5)修改 getCount()方法返回值为数据源大小。

(6)修改 getItem()方法返回值为当前条目数据。

(7)修改 getItemId()方法返回值为当前条目位置。

(8)在 getView()方法中引用样式文件，为控件赋值并返回布局视图。

```java
public class ListViewAdapter extends BaseAdapter {
                                            //继承于 BaseAdapter 的类
    private Context context;                //上下文全局变量
    private List<Map<String, Object>> list; //数据源全局变量
    ListViewAdapter(Context context, List<Map<String, Object>> list){
                                            //构造方法

        this.context = context;
        this.list = list;
    }
    private class ViewHolder{               //样式文件布局中控件内部类
        ImageView img_item;
        TextView name_item;
        TextView desc_item;
    }

    @Override
    public int getCount() {
        return list.size();                         //返回值为数据源大小
    }
    @Override
    public Object getItem(int position) {
        return list.get(position);          //返回值为当前条目数据
    }
    @Override
    public long getItemId(int position) {
        return position;                    //返回值为当前条目位置
    }
    @Override
    public View getView(int position, View convertView, ViewGroup parent) {
        ViewHolder viewHolder = new ViewHolder();
        LayoutInflater inflater = LayoutInflater.from(context);
                                            //启用布局服务
        convertView = inflater.inflate(R.layout.item_list_trip,null);
                                            //引用样式文件
        viewHolder.img_item = convertView.findViewById(R.id.img_
                item_triplist);
        viewHolder.name_item = convertView.findViewById(R.id.txt_
                item_triplist_name);
```

```
            viewHolder.desc_item = convertView.findViewById(R.id.txt_
                    item_triplist_desc);
            viewHolder.img_item.setImageResource((Integer) list.get(position).
                    get("img"));
            viewHolder.name_item.setText((CharSequence) list.get(position).
                    get("name"));
            viewHolder.desc_item.setText((Integer)list.get(position).
                    get("desc"));
            return convertView;                           //返回布局视图
        }
    }
```

4) 显示

列表控件调用 setAdapter() 方法显示数据，参数是基础数据适配器对象。

```
    ListViewAdapter listAdapter = new ListViewAdapter(this,listdata);
    list_test.setAdapter(listAdapter);
```

5) 响应点击条目操作

列表控件响应点击条目操作通过调用 setOnItemClickListener() 方法完成，参数是对应的监听器对象。

```
    list_test.setOnItemClickListener(new AdapterView.OnItemClickListener() {
        @Override
        public void onItemClick(AdapterView<?> adapterView, View view, int
                        position, long id) {
            取值语句(四种取值方式任取其一即可)
            其他操作语句
        }
    });
```

其中，获取条目数据的方式有四种：

(1) 通过列表控件取值。

```
    Map map = (Map) list_test.getItemAtPosition(position);
```

(2) 通过数据源取值。

```
    Map map = listdata.get(position);
```

(3) 通过 parent 取值。

```
    Map map = (Map) parent.getItemAtPosition(position);
```

(4) 通过 view 取值。通过 view 获取单个控件的值。

```
    TextView textView =view.findViewById(R.id. txt_item_triplist_name);
    String trip_name = textView.getText().toString();
```

6) 示例

列表控件示例如图 4-23 所示。

(a) 直接引用 string.xml 中的字符串数组配置列表控件的界面布局示例　(b) 用 Java 代码读取数据源配置列表控件的模拟器运行效果

图 4-23　列表控件示例

4.4.13　RecyclerView 控件

RecyclerView 控件是实现不同形式的排列以及垂直或者水平方向滚动的容器，控件名称为 RecyclerView。RecyclerView 控件在 Android Studio 控件库中的【Containers】分类菜单下。

1. RecyclerView 控件特有属性

RecyclerView 控件继承自 ViewGroup，除通用属性之外，还有一些 RecyclerView 控件特有属性，如表 4-16 所示。

表 4-16　RecyclerView 控件特有属性

属性名称	功能描述
android:nestedScrollingEnabled	设置是否禁止使用滑动功能，可选项为：true、false
android:overScrollMode	设置过度滑动时是否显示效果，可选项为：never、always、ifContentScrolls
android:scrollbars	设置滑动条格式，可选项为：none、vertical、horizontal

android:nestedScrollingEnabled 属性设置是否禁止使用滑动功能，多用于滑动嵌套。

```
android:nestedScrollingEnabled="true"
```

android:overScrollMode 属性设置过度滑动时是否显示效果。

```
android:overScrollMode="always"
```

android:scrollbars 属性设置滑动条格式，设置为 none 时无滑动条。

```
android:scrollbars="none"
```

2. 常见控制操作

在控制文件中，定义和注册绑定 RecyclerView 控件后，才能进行控制操作。

RecyclerView 控件主要操作有配置布局管理器、配置数据适配器、配置样式文件容器等。

布局管理器是 RecyclerView 控件特有功能，用于指定其内部排列方式和滚动方向。

数据适配器使用 RecyclerView 控件自带的数据适配器 RecyclerView.Adapter。

样式文件容器使用 RecyclerView 控件自带的 ViewHolder 进行样式文件与布局元素绑定操作。

1) 配置数据源

数据源类型为 List。也可以从数据库或其他数据源中读取数据，格式化为 List 类型。

引用列表控件的数据源(4.4.12 节)，复制到控制文件即可。

2) 设计样式文件

数据适配器中的样式文件用于指定每条数据在控件中显示的样式。

样式文件是一个 XML 文件，建立在资源目录【res】中的【layout】文件夹中。

样式文件的布局容器的高度和宽度设置为 wrap_content，控件设计一般选择左上齐或自动居中，margin 属性设置不要过大以免影响显示。图片框的高度和宽度设置具体数值。RecyclerView 控件样式文件示例如图 4-24 所示。

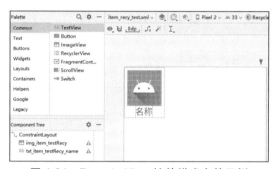

图 4-24　RecyclerView 控件样式文件示例

3) 配置样式文件容器

配置样式文件容器，基于 RecyclerView 控件自带的 ViewHolder 进行样式文件布局元素绑定操作步骤如下。

(1) 新建一个类，继承于 RecyclerView.ViewHolder，自动生成相关方法。

(2) 定义样式文件中所有布局元素对应的变量。

(3) 在构造方法中添加布局元素控件，注册绑定。

```java
public class RecyItemViewHolder extends RecyclerView.ViewHolder {
    ImageView img_item_testRecy;
    TextView name_item;
    public RecyItemViewHolder(@NonNull View itemView) {
        super(itemView);
        img_item_testRecy = itemView.findViewById(R.id.img_item_testRecy);
        name_item = itemView.findViewById(R.id.txt_item_testRecy_name);
    }
}
```

4) 配置数据适配器

配置基于 RecyclerView.Adapter 的数据适配器，步骤如下。

(1) 新建一个类，继承于 RecyclerView.Adapter<RecyItemViewHolder>，父类的泛型必

须指定为新建的样式文件容器类，然后自动生成相关方法。

(2) 定义一个全局变量，即数据源变量(List 类型)。

(3) 添加含有参数的构造方法，一个参数是 List 类型。在构造方法中对全局变量赋值。

(4) 在 RecyItemViewHolder () 方法中引用样式文件，为控件赋值并返回样式文件容器。

(5) 在 onBindViewHolder () 方法中取当前条目数据，并赋值给样式文件中对应的布局元素。其他操作也在此方法中，例如点击条目操作。

(6) 修改 getItemCount () 方法的返回值为数据源大小。

```java
public class RecyTestAdapter extends RecyclerView.Adapter<RecyItemViewHolder> {
    private List<Map<String, Object>> testlist;         //定义数据源
    RecyTestAdapter(List<Map<String,Object>> list){     //定义构造方法
        testlist = list;
    }
    @NonNull
    @Override
    public RecyItemViewHolder onCreateViewHolder(@NonNull ViewGroup
                    parent, int viewType) {
        LayoutInflater inflater = LayoutInflater.from(parent.getContext());
                                                        //启用布局服务
        View itemView = inflater.inflate(R.layout.item_recy_test,
                    parent,false);                      //定义样式
        RecyItemViewHolder recyItemViewHolder = new RecyItemViewHolder
                    (itemView);                         //写入容器
        return recyItemViewHolder;                      //返回样式文件容器
    }
    @Override
    public void onBindViewHolder(@NonNull RecyItemViewHolder holder,
                    int position) {
        Map<String, Object> testmap = testlist.get(position);
        holder.img_item.setImageResource((Integer) testmap.get("img"));
                                                        //赋值
        holder.name_item.setText((CharSequence) testmap.get("name"));
                                                        //赋值
        holder.itemView.setOnClickListener(new View.OnClickListener() {
                                                        //点击条目操作
            @Override
            public void onClick(View view) {
                点击条目后的响应操作语句
            }
        });
    }
    @Override
    public int getItemCount() {
        return testlist.size();
    }
}
```

5) 定义布局管理器

RecyclerView 控件布局管理器有三类，分别是: LinearLayoutManager、GridLayoutManager、StaggeredGridLayoutManager。

(1) LinearLayoutManager 设置 RecyclerView 控件中的内容以垂直或者水平方向线性排列方式显示，可设置为垂直或水平滚动。

```
LinearLayoutManager lm = new LinearLayoutManager(this);    //默认为垂直滚动
LinearLayoutManager lm = new LinearLayoutManager(this,RecyclerView.
                HORIZONTAL,false);
```

（2）GridLayoutManager 设置 RecyclerView 控件中的内容以网格方式显示，可设置为多列，还可设置为垂直或水平滚动。

```
GridLayoutManager gm = new GridLayoutManager(this,2);//默认为垂直滚动
GridLayoutManager gm = new GridLayoutManager(this,2,RecyclerView.
                HORIZONTAL,false);
```

（3）StaggeredGridLayoutManager 设置 RecyclerView 控件中的内容以瀑布流方式显示，可设置为多列，还可设置为垂直或水平滚动。

```
StaggeredGridLayoutManager sgm = new StaggeredGridLayoutManager(3,
                StaggeredGridLayoutManager.VERTICAL);
StaggeredGridLayoutManager sgm2 = new StaggeredGridLayoutManager(3,
                StaggeredGridLayoutManager.HORIZONTAL);
```

6）设置布局管理器

设置 RecyclerView 控件的布局管理器通过调用 setLayoutManager()方法来完成，参数是定义的布局管理器对象。

```
recy_test.setLayoutManager(sgm2);
```

7）显示

RecyclerView 控件调用 setAdapter()方法显示数据，参数是数据适配器对象。

```
RecyTestAdapter testAdapter = new RecyTestAdapter(listdata);
recy_test.setAdapter(testAdapter);
```

8）响应点击条目操作

在数据适配器中完成，参见 4）配置数据适配器部分的 onBindViewHolder()方法。

9）示例

RecyclerView 控件示例如图 4-25 所示。引用网格控件、列表控件的样式，均可获得相同的显示效果。

(a) LinearLayoutManager　　(b) GridLayoutManager　　(c) StaggeredGridLayoutManager

图 4-25　RecyclerView 控件示例

可以看到，RecyclerView 控件可以完成网格控件和列表控件的功能，同时，除具备垂直方向滚动功能之外，还具备水平方向滚动的功能。

4.4.14 进度条（ProgressBar）

进度条是显示操作进度的控件，名称为 ProgressBar。进度条控件在 Android Studio 控件库中的【Wedgets】分类菜单下。

进度条有两种显示方式：圆环形和长条形。圆环形进度条没有任何指示数据及刻度，仅显示动态圆环。长条形进度条有刻度和数据，可根据操作的进度显示进度数据。

1. 进度条特有属性

进度条继承于 View，除通用属性之外，还有一些进度条特有属性，如表 4-17 所示。

表 4-17　进度条特有属性

属性	功能描述
style	设置进度条的外观
android:max	设置进度条的最大刻度
android:min	设置进度条的最小刻度
android:progressDrawable	设置长条形进度条的显示模式
android:indeterminateTint	设置圆环形进度条的颜色
android:indeterminateDrawable	设置圆环形进度条的动画效果

style 属性设置进度条外观，一般引用 "@android:style/" 下的 ProgressBar 相关属性值。常用选项有：Widget.ProgressBar.Horizontal（长条形进度条）、Widget.ProgressBar.Small、Widget.ProgressBar.Large、Widget.ProgressBar.Inverse、Widget.ProgressBar.Small.Inverse、Widget.ProgressBar.Large.Inverse 等。此属性前无 android 前缀。

另外，style 属性也可引用 "?android:attr/" 下相关属性值。

```
style="@android:style/Widget.ProgressBar.Large"
style="?android:attr/progressBarStyleHorizontal"
```

android:progressDrawable 属性设置长条形进度条的显示模式，包括背景色、第一进度颜色、第二进度颜色等。

```
android:progressDrawable="@drawable/progress_style"
```

设置长条形进度条显示模式，先在【drawable】文件夹中新建 drawable 文件，之后在文件的【Root element】项中填写 layer-list，代码如下。

```
<layer-list xmlns:android="http://schemas.android.com/apk/res/android">
    <!--三层顺序是叠加顺序-->
    <item android:id="@android:id/background">    <!--背景色-->
        <shape>
            <corners android:radius="5dp"/>
            <solid android:color="#C5C1C1"/>
        </shape>
    </item>
```

```
            <item android:id="@android:id/secondaryProgress">  <!--第二进度颜色-->
                <clip>
                    <shape>
                        <corners android:radius="5dp"/>
                        <solid android:color="#0000FF"/>
                    </shape>
                </clip>
            </item>
            <item android:id="@android:id/progress">      <!--第一进度颜色-->
                <clip>
                    <shape>
                        <corners android:radius="5dp"/>
                        <solid android:color="#FF0000"/>
                    </shape>
                </clip>
            </item>
        </layer-list>
```

android:indeterminateTint 属性设置圆环形进度条的颜色。

```
        android:indeterminateTint="@color/black"
```

android:indeterminateDrawable 属性设置圆环形进度条的动画效果。

```
        android:indeterminateDrawable="@drawable/progress_rotate_style"
```

设置一幅旋转的动画图，先在【drawable】文件夹中新建 drawable 文件，之后在文件的【Root element】项中填写 animated-rotate，代码如下。

```
    <animated-rotate xmlns:android="http://schemas.android.com/apk/res/android"
        android:drawable="@drawable/ic_launcher_foreground"   //要旋转的图片
        android:pivotX="50%"
        android:pivotY="50%"
    ></animated-rotate>
```

2．常见控制操作

在控制文件中，定义和注册绑定进度条后，才能进行控制操作。进度条控制操作多用于长条形进度条显示。

长条形进度条常见操作如下：

1）显示当前进度

进度条显示当前进度是调用 setProgress()方法完成的，参数是整型数字。

```
    progressBar.setProgress(proc);
```

2）显示第二进度

进度条显示第二进度是调用 setSecondaryProgress()方法完成的，参数是整型数字。

```
    progressBar.setSecondaryProgress(sendProgress);
```

3）获取进度数据

进度条获取进度数据和显示当前进度多使用多线程处理。

```
Handler handler = new Handler(Looper.myLooper()){
    @Override
    public void handleMessage(@NonNull Message msg) {
        super.handleMessage(msg);
        switch (msg.what){
            case 1:
                if(proc == 100){
                    proc = 0;
                    secProc = 0;
                }else {
                    proc ++;
                    secProc = 2 + secProc;
                }
                progressBar.setProgress(proc);
                progressBar.setSecondaryProgress(secProc);
        }
    }
};
handler.postDelayed(new Runnable() {
    @Override
    public void run() {
        handler.postDelayed(this,50);
        handler.sendEmptyMessage(1);
    }
},0);
```

4）示例

示例展示的是第二进度比第一进度快一倍的进度条显示效果，如图 4-26 所示。

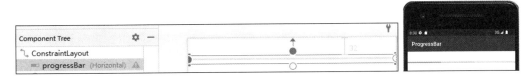

图 4-26　进度条示例

4.4.15　拖动进度条（SeekBar）

拖动进度条是在进度条的基础上增加了拖动功能的控件，名称为 SeekBar。拖动进度条在 Android Studio 控件库中的【Wedgets】分类菜单下。

1. 拖动进度条特有属性

拖动进度条继承于进度条，除通用属性之外，还具有进度条属性，而拖动进度条特有属性如表 4-18 所示。

表 4-18　拖动进度条特有属性

属性	功能描述
android:thumb	设置拖动进度条的滑块图片
android:splitTrack	设置滑块底部背景样式

android:thumb 属性设置拖动进度条的滑块图片。

```
android:thumb="@android:drawable/btn_radio"
```

android:splitTrack 属性设置滑块底部背景样式。可选项为 true、false，选 false 为透明，选 true 为不透明。

```
android:splitTrack="true"
```

2. 常见控制操作

在控制文件中，定义和注册绑定拖动进度条后，才能进行控制操作。除显示进度之外，拖动进度条最常见的操作是拖动取值。

拖动取值调用 OnSeekBarChangeListener() 方法完成，参数为 OnSeekBarChangeListener 监听器对象。OnSeekBarChangeListener 监听器对象有三个重载方法，拖动进度条发生改变时采用 onProgressChanged() 方法，按下时采用 onStartTrackingTouch() 方法，停止拖动时采用 onStopTrackingTouch() 方法。下面以拖动进度条发生改变为例。

```
seekBar_test.setOnSeekBarChangeListener(new SeekBar.OnSeekBarChangeListener() {
    @Override
    public void onProgressChanged(SeekBar seekBar, int i, boolean b) {
        int proc = seekBar.getProgress();
        int m = seekBar.getMax();
        txt_proc.setText(proc + "/" + m);
    }
                    按下和停止的方法省略
});
```

示例显示拖动过程中拖动进度条值的变化情况，如图 4-27 所示。

图 4-27　拖动进度条示例

4.5　Fragment 相关技术资料

Fragment 多用于 Activity 中的水平方向的滑动操作，常与标签控件、ViewPager 控件和 ViewPager2 控件等联合应用。

4.5.1 Fragment

Fragment 是一种界面片段，具有 Activity 界面的功能，但不能单独使用，必须嵌套在 Activity 内部使用。一个 Activity 中可以嵌套多个 Fragment，一个 Fragment 可以被多个 Activity 重复使用。

Fragment 在 Activity 中应用不是通过注册绑定操作来引用的，而是通过实例化对象来引用的。在 Activity 中通过 FragmentManager 对 Fragment 进行管理，使用 FragmentTransaction 进行添加、删除 Fragment 等操作。

1. Fragment 生命周期

同 Activity 一样，Fragment 也有类似的生命周期定义 Fragment 从启动到销毁的全部过程，包括：onAttach、onCreate、onActivityCreated、onStart、onResume、onPause、onStop、onDestroyView、onDestroy 和 onDetach。由于 Fragment 嵌套在 Activity 内，因此 Fragment 生命周期受 Activity 的影响。

Fragment 生命周期对应的方法及其功能如表 4-19 所示。

表 4-19　Fragment 生命周期对应的方法及其功能

生命周期阶段	对应的方法	功能描述
onAttach	onAttach()	Fragment 和 Activity 相关联时调用。只能在该方法中获取当前 Fragment 所在 Activity 的上下文，用于与 Activity 通信
onCreate	onCreate()	Fragment 被创建时调用
onActivityCreated	onActivityCreated()	当 Activity 完成 onCreate() 时调用
onStart	onStart()	当 Fragment 可见时调用
onResume	onResume()	当 Fragment 可见且可交互时调用
onPause	onPause()	当 Fragment 不可交互但可见时调用
onStop	onStop()	当 Fragment 不可见时调用
onDestroyView	onDestroyView()	当 Fragment 的 UI 从视图结构中移除时调用
onDestroy	onDestroy()	当销毁 Fragment 时调用
onDetach	onDetach()	当 Fragment 和 Activity 解除关联时调用

2. 新建 Fragment

新建 Fragment 从左侧【工程目录区】开始，打开【app】目录中的【java】文件夹，右击第一个包名，选择"New | Fragment | Fragment(Blank)"菜单命令，如图 4-28 所示。

进入新建 Fragment 的配置界面，如图 4-29 所示。

Fragment 界面名称(Fragment Name)设置 Fragment 的名称，命名必须以大写英文字母开头，后面可跟大写英文字母、小写英文字母、数字以及下画线，不推荐其他字符，后缀为 Activity。

布局文件(Fragment Layout Name)设置 Fragment 的布局文件名称，命名必须以小写英文字母和数字组成，推荐使用自动生成的布局文件名。

编程语言(Source Language)选择 Java。

配置完成后，单击【Finish】按钮，完成新建 Fragment 操作。

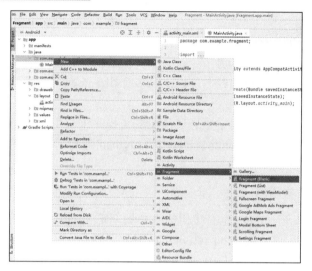

图 4-28 新建 Fragment 示意图

3．Fragment 布局设计

Fragment 布局文件中默认布局容器是帧布局，为了更便于操作，常在里面嵌套一个约束布局或线性布局，如图 4-30 所示。

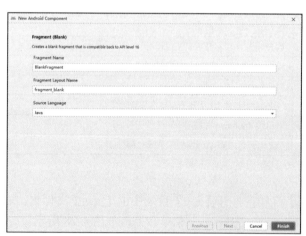

图 4-29 新建 Fragment 的配置界面   图 4-30 Fragment 布局设计示例

4．Activity 中应用 Fragment

Fragment 不能独立运行，只能依赖于 Activity。Activity 中应用 Fragment 多使用帧布局、ViewPager 控件等布局元素。

以 FrameLayout 为例，在 Activity 中应用 Fragment 步骤如下。

1）添加帧布局

在 Activity 界面布局中添加若干帧布局。

2）新建 Fragment

在 Activity 同目录下新建若干 Fragment。

3）实例化 Fragment

在 Activity 控制文件中使用 new 方法实例化 Fragment。

4）定义传值

Activity 向 Fragment 传值或 Fragment 之间传值，都是通过定义 Bundle 调用对应 Fragment 的 setArguments（）方法传递 Bundel 来实现的。

5）定义 Fragment 管理器

在 Activity 中和在 Fragment 中定义 Fragment 管理器时使用的方法不同。在 Activity 中调用 getSupportFragmentManager（）方法，在 Fragment 中调用 getParentFragmentManager（）或 getChildFragmentManager（）方法。

6）定义 Fragment 事务处理器

调用 Fragment 管理器的 beginTransaction（）方法开启 Fragment 事务处理器。

7）应用 Fragment

调用 Fragment 事务处理器的 add（）、remove（）或 replace（）等方法应用 Fragment。

8）提交并执行

调用 Fragment 事务处理器的 commit（）方法提交 Fragment 事务并执行操作。

```
public class MainActivity extends AppCompatActivity {
    private TestFragment1 testFragment1;
    private TestFragment2 testFragment2;
    private TestFragment3 testFragment3;
    @Override
    protected void onCreate(Bundle savedInstanceState) {
        super.onCreate(savedInstanceState);
        setContentView(R.layout.activity_main);
        testFragment1 = new TestFragment1();    //实例化 Fragment
        testFragment2 = new TestFragment2();    //实例化 Fragment
        testFragment3 = new TestFragment3();    //实例化 Fragment
        FragmentManager fm = getSupportFragmentManager();
                                                //定义 Fragment 管理器
        Bundle bundle = new Bundle();           //定义 Bundle
        bundle.putString("arg","这是传递的数据");//赋值 Bundle
        testFragment2.setArguments(bundle);     //向 testFragment2 传递数据
        FragmentTransaction ft = fm.beginTransaction();
                                                //定义 Fragment 事务处理器
        ft.replace(R.id.frame_test1,testFragment1);    //应用 Fragment
        ft.replace(R.id.frame_test2,testFragment2);    //应用 Fragment
        ft.replace(R.id.frame_test3,testFragment3);    //应用 Fragment
        ft.commit();                            //提交并执行
    }
}
```

9）示例

在 Activity 中应用三个 Fragment，示例如图 4-31 所示。

图 4-31 Activity 中应用 Fragment 示例

5．Fragment 中控制操作

在 Fragment 中，定义和注册绑定布局元素后，才能进行控制操作。

Fragment 中控制操作步骤如下。

1）引用 Fragment 布局文件

将 Fragment 布局文件关联到 Fragment 视图（View）。

2）绑定布局元素

Fragment 中绑定操作与 Activity 稍有不同，Fragment 中布局元素通过调用关联布局文件视图的 findViewById（）方法绑定。

3）控制操作

Fragment 中控制操作在 onCreateView（）方法中，其他和 Activity 基本相同。以 TestFragment1 为例。

```java
@Override
public View onCreateView(LayoutInflater inflater, ViewGroup container,
        Bundle savedInstanceState) {
    View view = inflater.inflate(R.layout.fragment_test1, container, false);
                        //引用布局文件
    txt_rightdown = view.findViewById(R.id.txt_rightdown);
                        //绑定布局元素
    testFragment3 = new TestFragment3();        //实例化 Fragment 对象
    txt_rightdown.setOnClickListener(new View.OnClickListener() {
                        //点击操作
        @Override
        public void onClick(View view) {
            FragmentManager fm = getParentFragmentManager();
            FragmentTransaction ft = fm.beginTransaction();
            Bundle bundle = new Bundle();
            bundle.putString("arg","这是 Fragment1 传递的数据");
            testFragment3.setArguments(bundle);
            ft.replace(R.id.frame_test3,testFragment3);
```

```
        ft.commit();
    }
});
return view;
}
```

4) 接收传递数据

Fragment 接收 Activity 或其他 Fragment 传递的数据是通过调用 getArguments（）方法完成的。以 TestFragment3 为例。

```
@Override
public View onCreateView(LayoutInflater inflater, ViewGroup container,
                Bundle savedInstanceState) {
    View view = inflater.inflate(R.layout.fragment_test3, container, false);
    txt_rev3 = view.findViewById(R.id.txt_rev3);
    Bundle bundle = getArguments();
    if(bundle != null){
        txt_rev3.setText(bundle.getString("arg"));
    }
    return view;
}
```

5) 示例

点击左边 Fragment 中最后一个文本，将数据传递到右下 Fragment，如图 4-32 所示。

(a) 未点击时界面   (b) 点击后界面

图 4-32　Fragment 中控制操作示例

4.5.2　ViewPager2 控件

ViewPager2 控件是用于水平或垂直方向滑动的控件容器，控件名称为 ViewPager2。ViewPager2 控件在 Android Studio 控件库中的【Containers】分类菜单下。

1. ViewPager2 控件特有属性

ViewPager2 控件继承自 ViewGroup，除通用属性之外，还有一些 ViewPager2 控件特有属性，如表 4-20 所示。

表 4-20　ViewPager2 控件特有属性

属性名称	功能描述
android:nestedScrollingEnabled	设置是否禁止使用滑动功能，可选项为：true、false
android:overScrollMode	设置过度滑动时是否显示效果，可选项为：never、always、ifContentScrolls
android:scrollbars	设置滑动条格式，可选项为：none、vertical、horizontal
android:orientation	设置滑动方向，可选项为：vertical、horizontal

android:nestedScrollingEnabled 属性设置是否禁止使用滑动功能，多用于滑动嵌套。

```
android:nestedScrollingEnabled="true"
```

android:overScrollMode 属性设置过度滑动时是否显示效果。

```
android:overScrollMode="always"
```

android:scrollbars 属性设置滑动条格式，设置为 none 则无滑动条。

```
android:scrollbars="none"
```

android:orientation 属性设置滑动方向，可设置为垂直或水平两个方向，默认为水平方向。

```
android:orientation="vertical"
```

2．常用控制操作

在控制文件中，定义和注册绑定 ViewPager2 控件后，才能进行控制操作。

ViewPager2 控件可以和 Fragment 一起使用，通过 FragmentStateAdapter 数据适配器进行配置。

1）配置数据源

ViewPager2 控件的数据源为 List 类型，内容是 Fragment。

```
List<Fragment> fraglist = new ArrayList<>();    //配置数据源
fraglist.add(new TestFragment1());
fraglist.add(new TestFragment2());
fraglist.add(new TestFragment3());
```

2）配置数据适配器

配置基于 FragmentStateAdapter 的数据适配器，步骤如下。

(1) 新建一个类，继承于 FragmentStateAdapter，自动生成构造方法和其他方法。

(2) 定义一个全局变量，即数据源变量(List 类型)。

(3) 构造方法中添加一个 List 类型参数，在构造方法中对数据源变量赋值。

(4) 设置 createFragment()方法返回值为当前 Fragment。

(5) 设置 getItemCount()方法返回值为数据源大小。

```
public class TestPager2Adapter extends FragmentStateAdapter {
    private List<Fragment> fraglist;            //定义数据源
    public TestPager2Adapter(@NonNull FragmentActivity fragmentActivity,
    List<Fragment> list) {                      //定义构造方法
        super(fragmentActivity);
        fraglist = list;
    }
    @NonNull
    @Override
```

```
    public Fragment createFragment(int position) {
        return fraglist.get(position);          //返回当前 Fragment
    }
    @Override
    public int getItemCount() {                 //返回数据源大小
        return fraglist.size();
    }
}
```

3）显示

Fragment 显示调用 ViewPager2 控件的 setAdapter()方法。

```
TestPager2Adapter testPager2Adapter = new TestPager2Adapter(fm,
    getLifecycle(),fraglist);                   //配置数据适配器
pager2_test.setAdapter(testPager2Adapter);      //显示滑动界面
```

4）示例

ViewPager2 控件 android:orientation 属性设置为 vertical 时可以在垂直方向上滑动，如图 4-33 所示。

图 4-33　ViewPager2 控件示例

4.5.3 标签控件（TabLayout）

标签控件为滑动界面的标签，名称为 TabLayout。标签控件在 Android Studio 控件库的【Containers】分类菜单下，常与 Fragment、ViewPager2 控件配合使用。

1. 标签控件特有属性

标签控件继承自水平滚动控件，除通用属性之外，还有一些标签控件特有属性，如表 4-21 所示。

表 4-21　标签控件特有属性

属性名称	功能描述
app:tabMode	设置标签模式，可选项为：scrollable、auto、fixed
app:tabSelectedTextColor	设置标签被选中时的字体颜色
app:tabIndicatorColor	设置标签被选中时指示器的下标颜色
app:tabBackground	设置标签背景
app:tabTextAppearance	设置标签字体大小，只能从 style 中选择
app:tabIndicatorHeight	设置指示器下标高度

app:tabMode 属性设置标签模式，设置为 scrollable 时为可滑动。

```
app:tabMode="scrollable"
```

app:tabSelectedTextColor 属性设置标签被选中时的字体颜色。

```
app:tabSelectedTextColor="#FFFF0000"
```

app:tabIndicatorColor 属性设置标签被选中时指示器的下标颜色。

```
app:tabIndicatorColor="#FFFF00FF"
```

app:tabBackground 属性设置标签背景。

```
app:tabBackground="#FF00FF00"
```

app:tabTextAppearance 属性设置标签字体大小，只能从系统内置或自己建立的 style 文件中通过 "@style/" 引用。

```
app:tabTextAppearance="@style/TextAppearance.AppCompat.Large"
```

app:tabIndicatorHeight 属性设置指示器下标高度。

```
app:tabIndicatorHeight="5dp"
```

2. 标签控件与 Fragment 搭配使用

标签控件与 Fragment 搭配使用，在布局文件中需要设置标签控件和帧布局，如图 4-34 所示。

在控制文件中，定义和注册绑定标签控件和帧布局后，才能进行控制操作。

1）配置数据源

标签控件数据源需和 Fragment 数据源同时配置。

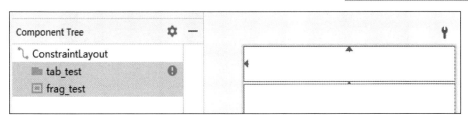

图 4-34　标签控件与 Fragment 搭配使用布局设计

```
String[] tabtitle = {"第一个Fragment","第二个Fragment","第三个Fragment"};
Fragment[] fragments = {new TestFragment1(),new TestFragment2(),
new TestFragment3()};
List<Fragment> fraglist = new ArrayList<>();
for(int i=0;i<tabtitle.length;i++){
    tab_test.addTab(tab_test.newTab().setText(tabtitle[i]));
    fraglist.add(fragments[i]);
}
```

2）配置默认 Fragment

启动 Activity 时需在帧布局中指定一个 Fragment 启动。

```
FragmentManager fm = getSupportFragmentManager();
FragmentTransaction ft = fm.beginTransaction();
ft.replace(R.id.frag_test,new TestFragment1());
ft.commit();
```

3）关联标签控件和 Fragment

关联标签控件和 Fragment 需要调用标签控件的 addOnTabSelectedListener（）方法。

```
tab_test.addOnTabSelectedListener(new TabLayout.OnTabSelectedListener() {
    @Override
    public void onTabSelected(TabLayout.Tab tab) {
        FragmentManager fm = getSupportFragmentManager();
        FragmentTransaction ft = fm.beginTransaction();
        ft.replace(R.id.frag_test,fraglist.get(tab.getPosition()));
        ft.commit();
    }
            其他语句省略
});
```

4）显示

示例如图 4-35 所示。

3. 标签控件与 ViewPager2 控件搭配

标签控件与 ViewPager2 控件搭配使用，在布局文件中需要设置标签控件和 ViewPager2 控件，如图 4-36 所示。

在控制文件中，定义和注册绑定标签控件和 ViewPager2 控件后，才能进行控制操作。

图 4-35　标签控件与 Fragment 搭配使用显示示例

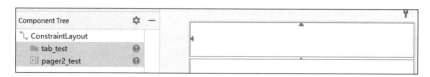

图 4-36　标签控件与 ViewPager2 控件搭配使用布局设计

1）配置数据源

标签控件数据源需和 Fragment 数据源同时配置。配置代码同 ViewPager2 控件数据源。

2）配置数据适配器

基本方法同 4.5.2 节数据适配器内容。

3）显示

调用 ViewPager2 控件的 setAdapter()方法显示 Fragment 内容。

```
TabPager2Adapter tabPage2rAdapter = new TabPage2rAdapter(fm,list);
pager2_test.setAdapter(tabPager2Adapter);
```

4）关联标签控件和 ViewPager2 控件

关联标签控件和 ViewPager2 控件需要调用实例化 TabLayoutMediator 类，并调用 attach()方法。

```
new TabLayoutMediator(tab_test, pager2_test, new
TabLayoutMediator.TabConfigurationStrategy() {
    @Override
    public void onConfigureTab(@NonNull TabLayout.Tab tab, int position) {
        tab.setText((CharSequence) list.get(position).get("title"));
                                                              //标签名称
    }
}).attach();
```

5）示例

标签控件与 VierPager2 控件搭配的运行界面同标签控件和 Fragment 搭配示例图，如图 4-35 所示，增加了滑动功能。

4.6　应用栏技术资料

应用栏也称为操作栏，是显示在应用程序顶部的横向栏目，用于应用程序名称的标识及其他信息的显示。应用栏的功能添加在原生 ActionBar 中，最新的功能则添加在 Toolbar 控件中。

4.6.1　原生 ActionBar

原生 ActionBar 多用于显示图标、导航操作、显示标题等。

原生 ActionBar 定义通过调用 Activity 的 getSupportActionBar() 方法完成。低版本 API 则通过调用 getActionBar() 方法完成。

```
ActionBar actionBar = getSupportActionBar();
```

默认图标为返回箭头 ，可通过调用 ActionBar 对象 setHomeAsUpIndicator() 方法修改图标。

```
actionBar.setHomeAsUpIndicator(R.mipmap.ic_launcher);
```

原生 ActionBar 的默认标题是应用程序开发项目的名称，一般写在 strings.xml 文件的【app_name】字符串中。可通过调用 ActionBar 对象的 setTitle() 方法修改。

```
actionBar.setTitle("湖交校园生活助手");
```

原生 ActionBar 对应图标的 id 为 android.R.id.home，其操作通过重载 onOptionsItemSelected() 方法完成。图标修改后，id 不会改变。

```
@Override
public boolean onOptionsItemSelected(@NonNull MenuItem item) {
    switch (item.getItemId()){
        case android.R.id.home:
            finish();
            break;
    }
    return super.onOptionsItemSelected(item);
}
```

原生 ActionBar 隐藏功能通过调用 ActionBar 对象的 hide() 方法完成。

```
actionBar.hide();
```

原生 ActionBar 显示功能通过调用 ActionBar 对象的 show() 方法完成。原生 ActionBar 默认显示。

```
actionBar.show();
```

4.6.2　Toolbar 控件

在原生 ActionBar 隐藏的前提下，开发者可以使用 Toolbar 控件自定义应用栏。Toolbar

控件可以定义应用栏的 Logo、标题、二级标题、最左边图标、标题和图标之间的间隔以及图标的响应点击操作。

Toolbar 控件定义和注册绑定同其他控件一样。先定义控件变量，再通过调用 findViewById()方法注册绑定控件。

```
Toolbar toolbar = findViewById(R.id.toolbar);
```

Toolbar 控件设置 Logo 通过调用 Toolbar 对象的 setLogo()方法完成。

```
toolbar.setLogo(R.mipmap.ic_launcher);
```

Toolbar 控件设置标题通过调用 Toolbar 对象的 setTitle()方法完成。

```
toolbar.setTitle("这是 Toolbar 控件");
```

Toolbar 控件设置二级标题通过调用 Toolbar 对象的 setSubtitle()方法完成。

```
toolbar.setSubtitle("第二");
```

Toolbar 控件设置最左边图标通过调用 Toolbar 对象的 setNavigationIcon()方法完成。

```
toolbar.setNavigationIcon(android.R.drawable.arrow_down_float);
```

Toolbar 控件设置标题和图标之间的间隔通过调用 Toolbar 对象的 setContentInsetEndWithActions()方法完成。

```
toolbar.setContentInsetEndWithActions(8);
```

Toolbar 控件设置图标的响应点击操作通过调用 Toolbar 对象的 setNavigationOnClickListener()方法完成。

```
toolbar.setNavigationOnClickListener(new View.OnClickListener() {
    @Override
    public void onClick(View view) {
        finish();
    }
});
```

4.7 菜单技术资料

菜单是一个折叠式选项容器，显示在应用栏右侧，是应用程序中用户交互的重要组成部分。Android Studio 开发平台中菜单的应用不是通过控件库，而是通过配置文件或控制文件中代码进行配置的。

菜单有三种类型：选项菜单(OptionsMenu)、上下文菜单(ContextMenu)和弹出菜单(PopupMenu)。

4.7.1 菜单配置文件

所有类型的菜单都可以通过菜单配置文件进行配置。

1）新建菜单配置文件

菜单配置文件只能存放于资源文件夹【res】目录下的【menu】文件夹内，因此需在资源文件夹【res】目录下新建【menu】文件夹。

右击资源文件夹【res】，选择"New | Directory"菜单命令，进入创建文件夹界面，文件夹名称为 menu，如图 4-37 所示。按下回车键建立【menu】文件夹。

图 4-37 创建文件夹界面

右击【menu】文件夹，选择"New | Menu Resource File"菜单命令，进入新建菜单配置文件界面，如图 4-38 所示。

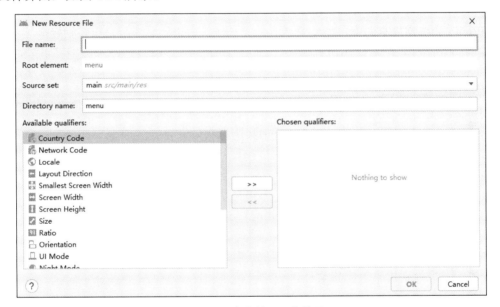

图 4-38 新建菜单配置文件界面

【File name】输入框中输入菜单配置文件名称，命名规则为全小写英文字母，中间可有下画线和数字。输入名称后，单击【OK】按钮，进入菜单配置文件。

2）菜单项属性

菜单配置文件中，每个菜单项都对应一个<item>标签，其常用属性如表 4-22 所示。

表 4-22 菜单项的常用属性

属性名称	功能描述
android:id	设置菜单项的唯一标识
android:title	设置菜单项显示的文字内容
android:icon	设置菜单项的显示图标
android:orderInCategory	菜单分类标签
app:showAsAction	设置菜单项的显示属性

android:id 属性设置菜单项的唯一标识。

```
android:id="@+id/test1"
```

android:title 属性设置菜单项显示的文字内容。

```
android:title="测试一"
```

android:icon 属性设置菜单项的显示图标，默认显示图标，不显示文字。

android:orderInCategory 设置菜单分类标签。

```
android:orderInCategory="1"
```

app:showAsAction 属性设置菜单项的显示属性，可选项为：ifRoom、never、always、withText、collapseActionView。

```
app:showAsAction="ifRoom|withText"
```

ifRoom 会依据屏幕的宽度确定是否显示菜单项。如果屏幕宽度足够，则直接显示；如果屏幕宽度不足，则隐藏在溢出列表中。

never 永远不会显示。只会在溢出列表中显示，而且只显示标题，所以在定义菜单项的时候，必须设置 android:title 属性。

always 无论是否溢出，总会显示。

withText 表示要显示文本标题。但是如果图标有效并且受到原生 ActionBar 空间的限制，文本标题有可能显示不全。

collapseActionView 将菜单的选项折叠到一个按钮中。当用户选择这个按钮时，菜单展开。默认的情况下(不点击按钮)菜单是不可见的，一般要配合 ifRoom 一起使用才会有效果。按钮在 android:actionLayout 或 android:actionViewClass 属性中定义。

3) 引用菜单配置文件

通过 Activity 的 getMenuInflater()方法定义菜单容器(MenuInflater)，然后调用菜单容器的 inflate()方法引用菜单配置文件。

```
MenuInflater menuInf= getMenuInflater();
menuInf.inflate(R.menu.optionmenu_test,menu);
```

4.7.2 选项菜单(OptionMenu)

选项菜单是 Activity 的主菜单项的集合，显示在界面顶端的应用栏中。

1) 菜单配置文件配置选项菜单

通过菜单配置文件配置选项菜单，除配置菜单配置文件之外，需要在控制文件中重载 onCreateOptionsMenu()方法，在方法中引用菜单配置文件。

菜单配置文件 test_optionmenu 代码如下。

```
<item
    android:id="@+id/test1"
    android:title="测试一"
    android:icon="@android:drawable/ic_menu_add"
    android:orderInCategory="1"
    app:showAsAction="withText|ifRoom"/>
<item
    android:id="@+id/test2"
```

```
    android:title="测试二"
    android:orderInCategory="2"
    android:icon="@android:drawable/ic_menu_view"
    app:showAsAction="never"
    />
<item
    android:id="@+id/test3"
    android:title="测试三"
    app:showAsAction="always|withText"
    android:orderInCategory="3"/>
<item
    android:id="@+id/action_search"
    android:title="搜索"
    android:icon="@android:drawable/ic_menu_search"
    app:showAsAction="ifRoom|collapseActionView"
    app:actionViewClass="android.widget.SearchView">
</item>
```

控制文件中重载 onCreateOptionsMenu() 代码。

```
@Override
public boolean onCreateOptionsMenu(Menu menu) {
    getMenuInflater().inflate(R.menu.test_optionmenu,menu);
    searchView = (SearchView) menu.findItem(R.id.action_
            search).getActionView();
    searchView.setOnQueryTextListener(new SearchView.OnQueryTextListener() {
        @Override
        public boolean onQueryTextSubmit(String query) {
            Toast.makeText(MainActivity.this,"提交文本："+query,
                    Toast.LENGTH_SHORT).show();
            return false;
        }
        @Override
        public boolean onQueryTextChange(String newText) {
            return false;
        }
    });
    return super.onCreateOptionsMenu(menu);
}
```

其中包含了 android.widget.SearchView 的操作代码。

示例如图 4-39 所示。

2) 控制文件配置选项菜单

控制文件配置选项菜单，通过重载 onCreateOptionsMenu() 方法完成。配置步骤如下。

(1) 定义菜单项。

通过 MenuItem 定义菜单项。

(2) 配置菜单项属性。

通过 add() 方法配置菜单项基础属性。菜单项基础属性有四个：id，分组号，序号和标题信息。在 add()方法中有四个参数，第一个参数对应分组号(int 类型)，可重复；第二个参数对应 id(int 类型)，不可重复；第三个参数对应序号(整型)，不推荐重复；第四个参数对应标题信息(String 类型)。

图 4-39 通过菜单配置文件配置选项菜单示例

其他属性通过其他对应方法设置。调用 setShowAsAction()方法配置 app:showAsAction 属性；调用 setIcon()方法设置 android:icon 属性。

```java
@Override
public boolean onCreateOptionsMenu(Menu menu) {
    MenuItem item1 = menu.add(1,1,2,"测试一");
    MenuItem item2 = menu.add(1,2,3,"测试二");
    MenuItem item3 =  menu.add(1,3,4,"测试三");
    MenuItem item4 = menu.add(1,4,5,"测试四");
    item2.setShowAsAction(MenuItem.SHOW_AS_ACTION_ALWAYS);
    item1.setIcon(android.R.drawable.ic_menu_edit);
    item1.setShowAsAction(MenuItem.SHOW_AS_ACTION_ALWAYS);
    return super.onCreateOptionsMenu(menu);
}
```

3) 响应选中菜单项

响应选中菜单项操作是通过重载 onOptionsItemSelected()方法来实现的。方法中根据菜单项的 id 做出对应的响应操作，多使用 switch 语句。

菜单项的 id 既可以是控制文件中的 int 类型数字，也可以是菜单配置文件中的 id 名称。

```java
@Override
public boolean onOptionsItemSelected(@NonNull MenuItem item) {
    switch (item.getItemId()){
        case 1:
            Toast.makeText(this,"您选择的是: " + item.getTitle(),
                    Toast.LENGTH_LONG).show();
            break;
        case 2:
```

```
        Toast.makeText(this,"您选择的是: " + item.getTitle(),Toast.
                LENGTH_LONG).show();
            break;
        case R.id.test1:
            Toast.makeText(this,"您选择的是: " + item.getTitle(),Toast.
                LENGTH_LONG).show();
            break;
        case R.id.test2:
            Toast.makeText(this,"您选择的是: " + item.getTitle(),Toast.
                LENGTH_LONG).show();
            break;
    }
    return super.onOptionsItemSelected(item);
}
```

通过控制文件配置选项菜单示例如图 4-40 所示。

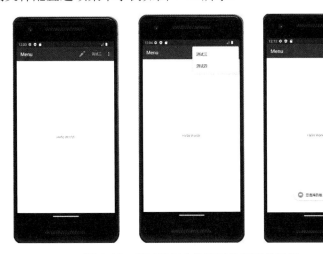

图 4-40　通过控制文件配置选项菜单示例

4.7.3　子菜单（SubMenu）

子菜单是选项菜单中的多级菜单，操作方式与选项菜单基本相同。

菜单配置文件中是<menu>标签和<item>标签的嵌套。

```
<item
    android:id="@+id/test1"
    android:title="测试一"
    android:orderInCategory="1">
    <menu>
        <item
            android:id="@+id/sub_test1"
            android:title="测试一子菜单一"/>
        <item
            android:id="@+id/sub_test2"
```

```
                    android:title="测试一子菜单二"/>
            </menu>
        </item>
```

控制文件配置中则使用 SubMenu 类定义子菜单，调用 addSubMenu()方法添加子菜单。子菜单的参数及属性配置均与选项菜单相同。

```
@Override
public boolean onCreateOptionsMenu(Menu menu) {
    SubMenu subMenu1 = menu.addSubMenu(1,0,1,"测试一");
    subMenu1.add(1,1,1,"测试一子菜单一");
    subMenu1.add(1,2,2,"测试一子菜单二");
    SubMenu subMenu2 = menu.addSubMenu(2,0,1,"测试二");
    subMenu2.add(2,3,1,"测试二子菜单一");
    subMenu2.add(2,4,2,"测试二子菜单二");
    return super.onCreateOptionsMenu(menu);
}
```

子菜单示例如图 4-41 所示。

图 4-41 子菜单示例

4.7.4 上下文菜单（ContextMenu）

上下文菜单是用户长按某布局元素时出现的悬浮菜单，因此上下文菜单必须依附于布局元素，不能单独使用。上下文菜单既可通过菜单配置文件进行配置，也可以通过控制文件进行配置。

1）菜单配置文件配置

上下文菜单的菜单配置文件中菜单项一般只需配置 android:id、android:title 和 android:orderInCategory 属性即可。

```
<item
    android:id="@+id/test1"
    android:title="测试一"
    android:orderInCategory="1"
    />
```

```
<item
    android:id="@+id/test2"
    android:title="测试二"
    android:orderInCategory="2"
    />
```

在控制文件中重载 onCreateContextMenu()方法，在方法中引用菜单配置文件。

```
@Override
public void onCreateContextMenu(ContextMenu menu, View v,
ContextMenu.ContextMenuInfo menuInfo) {
    getMenuInflater().inflate(R.menu.menu_context,menu);
}
```

2）关联布局元素

上下文菜单必须依附于布局元素，因此在定义并注册绑定布局元素后，在 onCreate()方法中调用 registerForContextMenu()方法，参数为所依附的布局元素。

```
registerForContextMenu(txt_contextmenu);
```

3）控制文件配置

控制文件配置上下文菜单，通过重载 onCreateContextMenu()方法完成。

调用 add()方法添加上下文菜单，有四个参数：id，分组号，序号和标题信息。第一个参数对应分组号(int 类型)，可重复；第二个参数对应 id(int 类型)，不可重复；第三个参数对应序号(整型)，不推荐重复；第四个参数对应标题信息(String 类型)。

```
@Override
public void onCreateContextMenu(ContextMenu menu, View v,
    ContextMenu.ContextMenuInfo menuInfo) {
    menu.add(1,1,1,"测试一");
    menu.add(1,2,2,"测试二");
    super.onCreateContextMenu(menu, v, menuInfo);
}
```

4）响应选中菜单项操作

响应选中菜单项操作是通过重载 onContextItemSelected()方法来实现的。方法中根据菜单项的 id 做出对应的响应操作，多使用 switch 语句。

菜单项的 id 既可以是控制文件中的 int 类型数字，也可以是菜单配置文件中的 id 名称。

```
@Override
public boolean onContextItemSelected(@NonNull MenuItem item) {
    switch (item.getItemId()){
        case 1:
            txt_contextmenu.setText("您选择的上下文菜单是: " + item.getTitle());
            break;
        case 2:
            txt_contextmenu.setText("您选择的上下文菜单是: " + item.getTitle());
            break;
        case R.id.test1:
```

```
            txt_contextmenu.setText("您选择的上下文菜单是: " + item.getTitle());
            break;
        }
        return super.onContextItemSelected(item);
    }
```

上下文菜单示例如图 4-42 所示。

图 4-42　上下文菜单示例

4.7.5　弹出菜单（PopupMenu）

弹出菜单是用户指定某布局元素响应时出现的弹出的菜单，因此弹出菜单必须依附于布局元素，不能单独使用。弹出菜单一般通过菜单配置文件进行配置。

弹出菜单可以用于多种响应，如点击、选中等。一般弹出菜单显示于布局元素下方，当用户选中菜单项或点击菜单以外区域时，系统会关闭菜单。

1）菜单配置文件配置

弹出菜单的菜单配置文件中菜单项一般只需配置 android:id、android:title 和 android:orderInCategory 属性即可。

```
<item
    android:id="@+id/test1"
    android:title="测试一"
    android:orderInCategory="1"
    />
<item
    android:id="@+id/test2"
    android:title="测试二"
    android:orderInCategory="2"
    />
```

2）控制文件配置

控制文件配置弹出菜单需要在 onCreate() 方法中进行，步骤如下：

（1）通过 new 方法实例化弹出菜单。

（2）引用菜单配置文件。

（3）在布局元素的响应代码中显示弹出菜单。

以文本框响应点击为例。

```
PopupMenu popupMenu = new PopupMenu(this,txt_popupmenu);   //实例化弹出菜单
popupMenu.inflate(R.menu.menu_popupmenu);               //引用菜单配置文件
```

```
txt_popupmenu.setOnClickListener(new View.OnClickListener() {
    @Override
    public void onClick(View view) {
        popupMenu.show();                          //显示弹出菜单
    }
});
```

3）响应选中菜单项操作

响应选中菜单项操作是通过调用弹出菜单的 setOnMenuItemClickListener()方法来实现的。方法中根据菜单项的 id 做出对应的响应操作，多使用 switch 语句。

```
popupMenu.setOnMenuItemClickListener(new
PopupMenu.OnMenuItemClickListener() {
    @Override
    public boolean onMenuItemClick(MenuItem menuItem) {
        switch (menuItem.getItemId()){
            case R.id.test1:
                txt_popupmenu.setText("您选择的弹出菜单是: " +
                            menuItem.getTitle());
                break;
            case R.id.test2:
                txt_popupmenu.setText("您选择的弹出菜单是: " +
                            menuItem.getTitle());
                break;
        }
        return false;
    }
});
```

弹出菜单示例如图 4-43 所示。

图 4-43　弹出菜单示例

4.8　对话框和提示框技术资料

本节介绍一些常用的用于提示的布局元素：进度条（ProgressBar）、拖动进度条（SeekBar）、对话框（Dialog）、消息提示框（Toast）。其中进度条和拖动进度条已在 4.4 节中介绍，这里不再赘述。

4.8.1 对话框(Dialog)

对话框是用于提示用户信息或请求用户做决定的小窗口。对话框是弹出式窗口，一般不会占满全部屏幕。通常对话框需要通过用户的操作触发才能显示，点击对话框之外区域对话框消失。

对话框有三类：提示对话框(AlertDialog)、日期对话框(DatePickerDialog)和时间对话框(TimePickerDialog)。

1. 提示对话框

提示对话框是通过 AlertDialog.Builder 对象创建的，AlertDialog.Builder 对象构造方法参数为上下文。

提示对话框有多种形式：普通对话框、列表对话框、单选对话框、复选对话框、自定义对话框等。

1) 普通对话框

普通对话框配置是通过调用 AlertDialog.Builder 对象的相关方法完成的，相关方法如表 4-23 所示。

表 4-23   AlertDialog.Builder 对象配置对话框相关方法

方法	功能描述
setTitle()	设置对话框标题
setMessage()	设置对话框内容信息
setIcon()	设置对话框图标
setPositiveButton()	设置对话框右侧第一个按钮
setNegativeButton()	设置对话框右侧第二个按钮
setNeutralButton()	设置对话框左侧按钮
create()	生成对话框

setTitle()方法设置对话框标题，显示在对话框顶端，参数为 String 类型。

```
setTitle("提示标题");
```

setIcon()方法设置对话框图标，显示在标题之前，参数为 int 类型，引用图片 id。

```
setIcon(R.mipmap.ic_launcher)
```

setMessage()方法设置对话框内容信息，显示在对话框中部，参数为 String 类型。

```
setMessage("提示消息内容");
```

setPositiveButton()方法设置对话框右侧第一个按钮，显示在对话框底部右侧，第一个参数是按钮名称，第二个参数是点击监听器对象。

```
setPositiveButton("最右侧按钮", new DialogInterface.OnClickListener() {
    @Override
    public void onClick(DialogInterface dialogInterface, int which) {
        响应点击操作
```

```
        }
    });
```

setNegativeButton()方法设置对话框右侧第二个按钮，显示在对话框底部右侧靠中间，参数和配置方法同上。

setNeutralButton()方法设置对话框左侧按钮，显示在对话框底部左侧，参数和配置方法同上。

create()方法生成对话框。

最后显示对话框则调用 AlertDialog 对象的 show()方法完成。

创建并显示普通对话框示例代码如下。

```
AlertDialog.Builder builder = new AlertDialog.Builder(view.getContext());
builder.setTitle("提示标题")
    .setMessage("提示消息内容")
    .setIcon(R.mipmap.ic_launcher)
    .setPositiveButton("最右侧按钮", new DialogInterface.OnClickListener() {
        @Override
        public void onClick(DialogInterface dialogInterface, int which) {
            响应点击操作
        }
    });
AlertDialog alertDialog = builder.create();
alertDialog.show();
```

普通对话框示例如图 4-44 所示。

2) 列表对话框

列表对话框配置与普通对话框相同，只是增加了列表。提示对话框中添加列表通过调用 setItems()方法完成。setItems()方法的参数是列表数组和点击监听器对象。第一个参数是定义的字符串数组，第二个参数是点击监听器对象。

图 4-44 普通对话框示例

注意，不能同时调用 setMessage()方法和 setItems()方法。

需定义列表数组数据源。例：String[] dataArray = {"一年级","二年级","三年级"}。

```
AlertDialog.Builder builder = new AlertDialog.Builder(view.getContext());
builder.setTitle("列表提示标题")
    .setIcon(R.mipmap.ic_launcher)
    .setItems(dataArray, new DialogInterface.OnClickListener() {
        @Override
        public void onClick(DialogInterface dialogInterface, int which) {
            String str = dataArray[which]        //取值
                        响应点击操作
        }
    });
AlertDialog alertDialog = builder.create();
alertDialog.show();
```

列表对话框示例如图 4-45 所示。

3) 单选对话框

单选对话框配置与普通对话框相同，只是增加了单选按钮。提示对话框中添加单选按钮通过调用 setSingleChoiceItems()方法完成。setSingleChoiceItems()方法参数是列表数组、默认选中按钮、点击监听器对象。第一个参数是定义的字符串数组，第二个参数是默认选中按钮的序号(从 0 开始)，第三个参数是点击监听器对象。数据源的定义同上。

注意，不能同时调用 setMessage()方法和 setSingleChoiceItems()方法。

```
AlertDialog.Builder builder = new AlertDialog.Builder(view.getContext());
builder.setTitle("单选提示标题")
      .setIcon(R.mipmap.ic_launcher)
      .setSingleChoiceItems(dataArray,0, new DialogInterface.OnClickListener() {
          @Override
          public void onClick(DialogInterface dialogInterface, int which) {
            String str = dataArray[which]          //取值
            响应点击操作
          }
      });
AlertDialog alertDialog = builder.create();
alertDialog.show();
```

单选对话框示例如图 4-46 所示。

图 4-45　列表对话框示例

图 4-46　单选对话框示例

4)复选对话框

复选对话框配置与普通对话框相同，只是增加了复选框。提示对话框中添加复选框通过调用 setMultiChoiceItems()方法完成。setMultiChoiceItems()方法参数是列表数组、默认选中按钮、点击监听器对象。第一个参数是定义的字符串数组，第二个参数是默认选中按钮的序号(从 0 开始)，第三个参数是点击监听器对象。

注意，不能同时调用 setMessage()方法和 setMultiChoiceItems()方法。

数据源的定义同上，还需定义复选框选中状态。例: boolean[] arraySelected = {true,false, false,false}。

```
AlertDialog.Builder builder = new AlertDialog.Builder(view.getContext());
builder.setTitle("复选提示标题")
      .setIcon(R.mipmap.ic_launcher)
      .setMultiChoiceItems(dataArray, arraySelected, new
                        DialogInterface.OnMultiChoiceClickListener() {
          @Override
          public void onClick(DialogInterface dialogInterface, int
                        which, boolean isChecked) {
              dataArraySelected[which] = isChecked;
          }
      })
```

```
    .setPositiveButton("确认", new DialogInterface.OnClickListener() {
        @Override
        public void onClick(DialogInterface dialogInterface, int which) {
            String chkstr = "";
            for(int j = 0; j<dataArray.length;j++){
                if (dataArraySelected[j]){
                    chkstr = chkstr + dataArray[j];          //取值
                }
            }
            响应点击操作
        }
    });
AlertDialog alertDialog = builder.create();
alertDialog.show();
```

复选对话框示例如图 4-47 所示。

图 4-47　复选对话框示例

5）自定义对话框

自定义对话框配置通过调用 setView() 方法完成。预先定义一个对话框的布局文件，通过 LayoutInflater 调用 inflate() 方法引用自定义的对话框布局文件。

setView() 方法参数是引用的布局对象（View 类型）。

```
View custview = LayoutInflater.from(view.getContext())
.inflate(R.layout.custom_dialog,null);
AlertDialog.Builder builder = new AlertDialog.Builder(view.getContext());
builder.setView(custview)
    .setPositiveButton("确定", new DialogInterface.OnClickListener() {
        @Override
        public void onClick(DialogInterface dialogInterface, int i) {
        EditText edt_test = custview.findViewById(R.id.edt_test);
                                                        //绑定控件
        String str = edt_test.getText().toString();     //取值
            响应点击操作
                }
            });
AlertDialog alertDialog = builder.create();
alertDialog.show();
```

自定义对话框示例如图 4-48 所示。

图 4-48　自定义对话框示例

2．日期对话框

日期对话框是用于选择日期的对话框。

日期对话框继承于 AlertDialog，但一般只设置标题和图标，其他功能在日期对话框实例化时配置。

日期对话框对象构造方法有五个参数，第一个是上下文，第二个是日期设置监听器对象，第三个是预设年的值，第四个是预设月的值(实际月份+1)，第五个是预设日的值。

```
DatePickerDialog datePickerDialog = new DatePickerDialog(view.getContext(),
    new DatePickerDialog.OnDateSetListener() {          //设置日期的监听器
        @Override
        public void onDateSet(DatePicker datePicker, int year,
                    int month, int day) {
            String datestr = year + "年" + (month+1) + "月" + day + "日";
        }
    },2022,8,1);                                        //后三个参数，年、月、日
datePickerDialog.setTitle("日期选择器");
datePickerDialog.setIcon(R.mipmap.ic_launcher);
datePickerDialog.show();
```

日期对话框示例如图 4-49 所示。

图 4-49　日期对话框示例

3．时间对话框

时间对话框是用于选择时间的对话框。

时间对话框继承于 AlertDialog，但一般只设置标题和图标，其他功能在时间对话框实例化时配置。

时间对话框对象构造方法有五个参数，第一个是上下文，第二个是时间设置监听器对象，第三个是预设时的值，第四个是预设分的值，第五个设置是否 24 小时制。

```
TimePickerDialog timePickerDialog = new TimePickerDialog(view.getContext(),
new TimePickerDialog.OnTimeSetListener() {
    @Override
    public void onTimeSet(TimePicker timePicker, int hour, int
                minute) {
        String timestr = hour + "时" + minute + "分";
    }
},12,0,true);                        //后三个参数，时，分，是否 24 小时制
timePickerDialog.setTitle("时间选择器");
timePickerDialog.setIcon(R.mipmap.ic_launcher);
timePickerDialog.show();
```

时间对话框示例如图 4-50 所示，可以通过左下角的 ⌨ 图标和 🕐 图标切换两种视图。

图 4-50　时间对话框示例

4.8.2　消息提示框（Toast）

消息提示框（Toast）是一个显示简单反馈信息的弹出式窗口，显示信息内容不超过 2 行文字，超时后自动消失。消息提示框仅有显示功能，无交互功能。

消息提示框通过调用 makeText()方法配置，有三个参数。第一个参数是上下文；第二个参数是要显示的内容（String 类型）；第三个参数是消息提示框在屏幕停留的时长，可选项有 Toast.LENGTH_SHORT（约 2.5 秒）、Toast.LENGTH_LONG（约 3.5 秒）。

最后调用 show()方法显示消息提示框。

```
Toast.makeText(view.getContext()," 您 选 择 的 时 间 是 "  ,Toast.LENGTH_
LONG).show();
```

4.9　ContentProvider 数据共享技术资料

ContentProvider 是应用程序的四大组件之一，用于在不同应用程序之间提供数据共享，起到中间数据管理的作用。无论何种数据存储方式，都可以使用 ContentProvider 提供的统一接口进行数据存取，ContentProvider 中所有数据更改都可以被捕捉。

ContentProvider 可以对数据进行添加、删除、修改、查找操作，开发者也可以根据需求定义其数据源内容。通常使用 ContentResolver（内容解析程序）对 ContentProvider 中的数据进行操作，通过 ContentObserver（内容监听程序）监听 ContentResolver 引起的数据变化并做出响应。

4.9.1 声明 ContentProvider

ContentProvider 应用时必须在清单文件中进行声明。ContentProvider 声明在清单文件中的<application>标签下使用< provider >标签完成，< provider >标签必须通过 android:name 属性指定 ContentProvider 类名。<provider>标签相关属性如表 4-24 所示。

表 4-24　<provider>标签相关属性

属性名称	功能描述
android:authorities	设置自定义 ContentProvider 类的包名
android:name	设置自定义 ContentProvider 类的名称
android:exported	设置是否共享数据

android:authorities 属性设置自定义 ContentProvider 类的包名。

```
android:authorities="com.example.contentprovider"
```

android:name 属性设置自定义 ContentProvider 类的名称，前面加 "." 表示当前包路径下。

```
android:name=".MyContentProvider"
```

android:exported 设置是否共享数据。可选项为：true、false。设置为 true 表示可共享。

```
android:exported="true"
```

以建立名为 MyContentProvider 的 ContentProvider 为例，在清单文件中声明如下：

```
<provider  android:authorities="com.example.contentprovider"
    android:name=".MyContentProvider"
    android:exported="true">
</provider>
```

4.9.2 Uri 统一资源标识符

Uri（统一资源标识符）是每个操作对象的地址，在 ContentProvider 应用中用 Uri 来标识 ContentProvider。Uri 由三部分组成：地址协议、地址、内部路径。

地址协议：在 ContentProvider 中固定为：content://。

地址：为项目的包名。

内部路径：一般为数据对象的子类，例如数据库中的表、表中的字段等。

```
content://com.example.contentprovider
content://com.example.contentprovider/user
content://com.example.contentprovider/user/name
```

将字符串转换为 Uri，使用 parse() 方法。

```
Uri uri = Uri.parse("content://com.example.contentprovider");
```

4.9.3　ContentProvider 使用形式

ContentProvider 有两种使用形式，一种是直接使用系统数据，另一种是使用自定义的数据源。

1．系统数据 ContentProvider

系统数据，例如通讯录、音频、视频和图片等，由于其存储路径相对固定，因此在系统中已经定义系统数据 ContentProvider 的 Uri，开发者可以直接通过系统数据 ContentResolver 的 Uri 以及授权相应权限获得相关系统数据。

不同操作需要不同权限，一般系统操作需要手机内存存储权限。Android 10 系统以后，将权限分为普通权限和危险权限。普通权限是指不会直接威胁到用户的安全和隐私的权限，可以通过系统直接授权，例如图片存取。危险权限则必须用户手动授权才可使用，否则不管系统配置与否，都无法进行相应的操作，例如通讯录存取。

系统数据 ContentProvider 的 Uri 配置是通过系统内部方法直接调用进行的，也可以直接配置系统路径。

```
if(ActivityCompat.checkSelfPermission(this,Manifest.permission.READ_
CONTACTS) != PackageManager.PERMISSION_GRANTED){        //检查权限
ActivityCompat.requestPermissions(this, new
String[]{Manifest.permission.READ_CONTACTS},100); //配置权限
}else{
ContentResolver contentResolver = getContentResolver();
                                             //定义 ContentProvider
Uri uri = Uri.parse("content://com.android.contacts/data/phones");
                                             //系统 Uri
Cursor cursor = contentResolver.query(uri,null,null,null,null);
                                             //获取数据

}
```

2．自定义数据源 ContentProvider

自定义数据源 ContentProvider 用于对用户自建的各类数据库、SharedPreferences 或者文件进行共享。

新建一个继承于 ContentProvider 的类，在自定义的 ContentProvider 类中有六个方法，分别是 onCreate()、insert()、delete()、update()、query() 和 getType()。通过上述六个方法对各类数据、数据库、SharedPreferences 或者文件进行操作。

1）onCreate() 方法

onCreate() 方法在 ContentProvider 第一次被 ContentResolver 回调时执行，因此方法中会将所需共享的数据源进行定义，供后续所有方法调用。

2）getType() 方法

getType() 方法返回 ContentProvider 数据的 MIME 类型，多条数据或数据集的 MIME 类型字符串以"vnd.android.cursor.dir/"开头，单条数据的 MIME 类型字符串则以"vnd.android.

cursor.item/"开头。

3）insert（）方法

insert（）方法向 ContentProvider 中添加一条数据。第一个参数为 Uri 类型，用来确定数据源；第二个参数为 ContentValues 类型，是待添加的数据集。

4）delete（）方法

delete（）方法从 ContentProvider 中删除数据。第一个参数为 Uri 类型，用来确定数据源；第二个参数为 String 类型，是删除的约束条件语句；第三个参数为字符串数组类型，是约束条件的参数；被删除数据条数作为返回值。

5）update（）方法

update（）方法更新 ContentProvider 中已有的数据。第一个参数为 Uri 类型，用来确定数据源；第二个参数为 ContentValues 类型，是待更新的数据集；第三个参数为 String 类型，是更新的约束条件语句；第四个参数为字符串数组类型，是约束条件的参数；被更新数据条数作为返回值。

6）query（）方法

query（）方法从 ContentProvider 中查询数据。第一个参数为 Uri 类型，用来确定数据源；第二个参数为字符串数组类型，用于确定查询的列；第三个参数为 String 类型，是查询的约束条件语句；第四个参数为字符串数组类型，是约束条件的参数；第五个参数为 String 类型，是对结果进行排序的语句；查询的结果存放在 Cursor 对象中返回。

```java
public class MyContetProvider extends ContentProvider {
@Override
public boolean onCreate() {
    定义数据源
    return false;
}
@Nullable
@Override
public Cursor query(@NonNull Uri uri, @Nullable String[] strings,
@Nullable String s, @Nullable String[] strings1, @Nullable String s1) {
    数据源查询操作，返回 Cursor 类型查询结果
    return null;
}
@Nullable
@Override
public String getType(@NonNull Uri uri) {
    数据源的数据类型
    return null;
}
@Nullable
@Override
public Uri insert(@NonNull Uri uri, @Nullable ContentValues contentValues) {
    数据源添加操作，返回数据源 Uri
    return null;
}
@Override
public int delete(@NonNull Uri uri, @Nullable String s, @Nullable
```

```
                              String[] strings) {
        数据源删除操作, 返回删除数据条数
        return 0;
    }
    @Override
    public int update(@NonNull Uri uri, @Nullable ContentValues
contentValues, @Nullable String s, @Nullable String[] strings) {
        数据源更新操作, 返回更新数据条数
        return 0;
    }
}
```

4.9.4　ContentResolver

当项目或者外部程序需要对 ContentProvider 中的数据进行操作时，使用 ContentResolver 类来完成。

1．定义 ContentResolver

在 Activity 中调用 getContentResolver()方法来定义 ContentResolver。

```
ContentResolver myContentResolver = getContentResolver();
```

2．ContentResolver 操作

ContentResolver 操作有四个方法，分别是 insert()、delete()、update()和 query()。这四个方法操作的对象不是数据源，而是 ContentProvider 提供的数据。

1）insert()方法

insert()方法向 ContentProvider 中添加一条数据。第一个参数为 Uri 类型，用来确定数据源；第二个参数为 ContentValues 类型，是待添加的数据集。

2）delete()方法

delete()方法从 ContentProvider 中删除数据。第一个参数为 Uri 类型，用来确定数据源；第二个参数为 String 类型，是删除的约束条件语句；第三个参数为字符串数组类型，是约束条件的参数；被删除数据条数作为返回值。

3）update()方法

update()方法更新 ContentProvider 中已有的数据。第一个参数为 Uri 类型，用来确定数据源；第二个参数为 ContentValues 类型，是待更新的数据集；第三个参数为 String 类型，是更新的约束条件语句；第四个参数为字符串数组类型，是约束条件的参数；被更新数据条数作为返回值。

4）query()方法

query()方法从 ContentProvider 中查询数据。第一个参数为 Uri 类型，用来确定数据源；第二个参数为字符串数组类型，用于确定查询的列；第三个参数为 String 类型，是查询的约束条件语句；第四个参数为字符串数组类型，是约束条件的参数；第五个参数为 String 类型，是对结果进行排序的语句；查询的结果存放在 Cursor 对象中返回。

```
myContentResolver.insert(uri,cv);
```

3. 外部引用声明

Android 11 版本修改了应用程序之间的访问数据的方式，如果外部应用程序引用自定义的 ContentProvider，需要在外部应用程序中进行声明，步骤如下：

在外部应用程序的清单文件中添加<queries>标签，声明引用自定义 ContentProvider 的路径(包名)。

```
<queries>
    <package android:name="com.example.contentprovider"></package>
</queries>
```

4.9.5 ContentObserver

ContentObserver 监听对应 ContentResolver 引起的数据变化并做出响应。ContentObserver 可跨应用程序监听数据变化。

1. 自定义 ContentObserver

新建一个继承于 ContentObserver 的类，通过此类监听 ContentResolver 操作中是否引起数据变化，如果有数据变化则做出响应。响应代码写在重载的 onChange()方法中。

```
public class MyContentObserver extends ContentObserver {
    定义上下文和 Uri
    public MyContentObserver(Handler handler,Context context,Uri uri) {
        super(handler);
        赋值上下文和 Uri
    }
    @Override
    public void onChange(boolean selfChange) {
        super.onChange(selfChange);
        观察到数据变化后的操作
    }
}
```

2. 在应用程序中注册

ContentObserver 在应用程序中注册是通过调用对应的 ContentResolver 的 registerContentObserver()方法来完成的。registerContentObserver()方法有三个参数，分别是 Uri、是否精确匹配 Uri、ContentObserver 对象。

```
getContentResolver().registerContentObserver(uri,true,myContentObserver);
```

第一个参数是需要监听的 ContentProvider 提供数据的 Uri。

第二个参数是是否精确匹配 Uri，可选项为 true 和 false，选择 true 时表示可以同时匹配其派生的 Uri，选择 false 则精确匹配当前 Uri。

第三个参数是 ContentObserver 对象。

3. 配置 ContentResolver

ContentObserver 对象要监听 ContentResolver 操作引起的数据变化，需要配置 ContentResolver 的 notifyChange()方法，否则无法自动监听数据变化。配置 notifyChange() 方法的操作一般紧跟数据操作语句之后。

```
getContentResolver().insert(uri,cv);
getContentResolver().notifyChange(uri,null,ContentResolver.NOTIFY_
        SYNC_TO_NETWORK);
```

notifyChange()方法有三个参数，分别是 Uri、ContentObserver 对象、延时时间(int 类型)。系统默认延时时间为 10 秒。如果需要实时监听,则将延时时间设置为"ContentResolver. NOTIFY_ SYNC_TO_NETWORK"。

4.10　BroadcastReceiver 广播技术资料

BroadcastReceiver 是应用程序的四大组件之一，用于对操作系统或应用程序发布的广播进行过滤接收并做出响应。

在 Android 操作系统中，广播是运用在操作系统和应用程序之间或应用程序之间传递信息的机制。广播主要可以分为两种类型：系统广播和自定义广播。

系统广播是由 Android 操作系统发布的广播，发送系统相关的信息，例如电量、飞行模式、网络信息等。

自定义广播是由开发者根据需求定义的广播，发送应用程序内部或跨应用程序的广播信息。

4.10.1　声明 BroadcastReceiver

BroadcastReceiver 应用时必须在清单文件中进行声明。

声明 BroadcastReceiver 在清单文件中的<application>标签下使用< receiver >标签完成。在<receiver>标签中必须通过 android:name 属性指定 BroadcastReceiver 类名。<receiver>标签相关属性如表 4-25 所示。

表 4-25　<receiver>标签相关属性

属性名称	功能描述
android:name	设置 BroadcastReceiver 类的名称
android:enabled	设置 BroadcastReceiver 类是否可用
android:exported	设置是否对外部程序发送广播

android: name 属性设置 BroadcastReceiver 类的名称，前面加 "." 表示当前包路径下。

```
android:name=".TestReceiver"
```

android:enabled 属性设置 BroadcastReceiver 类是否可用。可选项为：true、false。

```
android:enabled ="true "
```

android:exported 设置是否对外部程序发送广播。可选项为：true、false。设置为 true 表示可对外发送广播。

```
android:exported="true"
```

以建立名称为 TestReceiver 的 BroadcastReceiver 为例，在清单文件中声明如下：

```
<receiver android:name=".TestReceiver"
    android:enabled="true"
    android:exported="true">
</receiver>
```

4.10.2 自定义广播

开发者根据需求定义广播，包括广播标识、广播内容、指定接收器、配置权限等内容。无论系统广播还是自定义广播都是通过 Intent 对象来定义的。

1．设置广播标识

定义一个 Intent 对象，通过调用 Intent 对象的 setAction()方法设置广播标识，只有注册了相同标识的 BroadcastReceiver 才能接收到广播的数据。

```
Intent intent = new Intent();
intent.setAction("testBroadcast");
```

2．配置广播内容

广播内容通过调用 Intent 对象的 putExtra()方法写入。

```
intent.putExtra("hello","这是测试广播");
```

3．配置指定接收器

广播可以设置对应的接收器，其他接收器无法接收该广播。配置指定接收器通过配置 ComponentName 对象完成，两个参数分别是目标接收器对应的包名和带路径的目标接收器类名。再调用 Intent 对象的 setComponent()方法指定目标接收器。

```
ComponentName cmn = new ComponentName(
"com.example.broadcastreceiver","com.example.broadcastreceiver.TestReceiver1");
intent.setComponent(cmn);
```

4．配置权限

广播可以设置权限，限制接收范围，只有配置相同权限的接收器才能接收到该广播。配置权限步骤如下：

1)在清单文件中定义权限

在清单文件中使用< permission >标签定义权限。

```
<permission android:name=" com.example.broadcast.permission " />
```

2)发送广播时配置权限

发送广播时通过发送参数配置权限。

```
sendBroadcast(intent, " com.example.broadcast.permission ")
```

配置指定接收器和配置权限根据需求视情况添加，并不是必须项。

4.10.3 发送广播

广播有三种类型，分别是标准广播、有序广播和本地广播，其发送方式不同。

1．标准广播发送

标准广播发送是向所有接收器发送广播，无序发送，同时也无法中止。

标准广播通过调用 sendBroadcast()方法发送。sendBroadcast()方法的参数是 Intent 对象，可在第二参数配置权限字符串。

```
sendBroadcast(intent);
```

或者

```
sendBroadcast(intent, " com.example.broadcast.permission ");
```

2．有序广播发送

有序广播发送是一次向一个接收器发送广播，接收器可以向下继续发送广播，也可以中止广播。

有序广播通过调用 Activity 中的 sendOrderedBroadcast()方法发送，sendOrderedBroadcast()方法的基本参数是 Intent 对象和配置权限字符串。

```
sendOrderedBroadcast(intent,null);
```

或者

```
sendOrderedBroadcast(intent,"com.example.broadcast.permission");
```

接收器接收广播顺序可以通过清单文件配置，也可以通过 IntentFilter 对象配置。

1）清单文件配置

通过清单文件中<Intent-filter>标签中的 android:priority 属性来指定优先级。

2）IntentFilter 对象配置

通过调用 IntentFilter 对象的 setPriority()方法设置优先级。

优先级取值范围是−1000 到 1000，具有相同优先级的接收器按随机顺序接收广播。

3．本地广播发送

本地广播发送是向与发送器位于同一应用程序中的接收器发送广播，也就是应用程序内部广播。本地广播调用 LocalBroadcastManager 的 sendBroadcast()方法发送，步骤如下：

1）初始化 LocalBroadcastManager 对象

初始化 LocalBroadcastManager 对象通过调用 LocalBroadcastManager 类中的 getInstance()方法完成，参数是上下文。

2）发送本地广播

发送本地广播通过调用 LocalBroadcastManager 对象的 sendBroadcast()方法完成，参数是 Intent 对象。

```
LocalBroadcastManager lbm = LocalBroadcastManager.getInstance
        (getApplicationContext());
lbm.sendBroadcast(intent);
```

注意，本地广播的接收器必须调用 LocalBroadcastManager 的 registerReceiver()方法进行注册。

4.10.4 接收广播

接收广播需要使用 BroadcastReceiver。应用 BroadcastReceiver 需要经过两个步骤，定义 BroadcastReceiver 和注册 BroadcastReceiver。

1. 定义 BroadcastReceiver

新建一个类，继承于 BroadcastReceiver，自动生成 onReceive()方法。
在重载的 onReceive()方法中写接收广播以及后续操作代码。

```
public class TestReceiver extends BroadcastReceiver {
    @Override
    public void onReceive(Context context, Intent intent) {
        String testStr = intent.getStringExtra("hello");    //接收广播内容
        Log.d("----第一个接收器----",testStr);
                其他语句
    }
}
```

2. 注册 BroadcastReceiver

BroadcastReceiver 需要进行注册后才能使用。BroadcastReceiver 注册有两种方法，分别是清单文件声明注册和代码注册。推荐使用代码注册 BroadcastReceiver，而 BroadcastReceiver 的权限配置则在清单文件中完成。

1）清单文件声明注册

在清单文件中使用<receiver>标签进行声明，除此之外，在<receiver>标签下可以使用 <intent-filter>标签设置<action>标签、<category>标签、<data>标签。<action>标签设置操作标识，<category>标签设置类别，<data>标签设置操作所需数据。操作标识既可以是自定义的字符串，也可以是系统提供的标识。

```
<receiver android:name=".TestReceiver"
        android:enabled="true"
        android:exported="true">
        <intent-filter>
            <action android:name="testbroadcast"></action>
        </intent-filter>
</receiver>
```

2）代码注册

代码注册是使用 IntentFilter 对象配置 BroadcastReceiver 所需的操作标识、类别、操作数据等。

BroadcastReceiver 代码注册是通过调用 Activity 中的 registerReceiver()方法进行的。registerReceiver()方法有两个参数，分别是 BroadcastReceiver 对象和 IntentFilter 对象。

```
IntentFilter intentFilter = new IntentFilter();
    ntentFilter.addAction("testbroadcast");
    TestReceiver testReceiver = new TestReceiver();
    registerReceiver(testReceiver,intentFilter);
```

本地 BroadcastReceiver 则需要通过 LocalBroadcastManager 对象进行注册。

```
LocalBroadcastManager lbm = LocalBroadcastManager.getInstance(this);
lbm.registerReceiver(testReceiver,intentFilter);
```

3. 注销 BroadcastReceiver

当不再需要使用 BroadcastReceiver 时，务必注销 BroadcastReceiver，防止信息泄露。

注 销 BroadcastReceiver 需要与 BroadcastReceiver 注 册 的 位 置 对 应 。 如 果 BroadcastReceiver 在 onCreate()方法中注册，则应该在 onDestroy()方法中注销；如果 BroadcastReceiver 在 onResume()方法中注册，则应该在 onPause()方法中注销。

BroadcastReceiver 注销调用 unregisterReceiver()方法完成。unregisterReceiver()方法的 参数是 BroadcastReceiver 对象。

```
@Override
    protected void onDestroy() {
        super.onDestroy();
        unregisterReceiver(testReceiver);
    }
```

4.10.5　系统广播

Android 操作系统在运行过程中有系统事件发生时会自动发送广播，这些广播内容涉及手机的基本操作(如开机、锁屏、电量、网络变化、拍照等)。系统广播采用的是标准广播发送方式，所有应用都能接收到系统广播。每个系统广播都有特定的 IntentFilter(包括具体的 Action)，系统广播 Action 如表 4-26 所示。

表 4-26　系统广播 Action

系统操作	Action
关闭或打开飞行模式	Intent.ACTION_AIRPLANE_MODE_CHANGED
充电时或电量发生变化	Intent.ACTION_BATTERY_CHANGED
电池电量低	Intent.ACTION_BATTERY_LOW
电池电量充满	Intent.ACTION_BATTERY_OKAY
系统启动完成后(仅广播一次)	Intent.ACTION_BOOT_COMPLETED
按下拍照按键(硬件按键)时	Intent.ACTION_CAMERA_BUTTON
屏幕关闭	Intent.ACTION_SCREEN_OFF
屏幕打开	Intent.ACTION_SCREEN_ON
屏幕锁屏	Intent.ACTION_CLOSE_SYSTEM_DIALOGS
屏幕解锁	Intent.ACTION_USER_PRESENT
设备当前设置被改变时(界面语言、屏幕方向等)	Intent.ACTION_CONFIGURATION_CHANGED
插入耳机时	Intent.ACTION_HEADSET_PLUG
成功安装 APK	Intent.ACTION_PACKAGE_ADDED
成功删除 APK	Intent.ACTION_PACKAGE_REMOVED
重启设备	Intent.ACTION_REBOOT

系统广播的接收器和自定义广播接收器操作步骤一样，但是 Action 的设置需要使用表 4-26 内的 Action 名称。

```
intentFilter.addAction(Intent.ACTION_SCREEN_OFF);
```

在系统广播接收器中则需要判断是否是系统广播的 Action。

```
@Override
public void onReceive(Context context, Intent intent) {
    if(Intent.ACTION_SCREEN_OFF.equals(intent.getAction())){
        Log.d("屏幕","--------<<<<<<屏幕关闭>>>>>>-----------");
    }
}
```

4.11 Service 服务技术资料

Service 是应用程序的四大组件之一，用于应用程序需要在后台长时间运行而不需要界面时。Service 组件可以其他组件启动，并在后台运行，不受项目应用切换的影响，多用于网络事务、音乐播放或其他耗时事务操作。

Service 有三种类型，分别是后台服务、绑定服务、前台服务。这三种类型服务既可以独立使用，也可以混合使用。

4.11.1 声明 Service

Service 应用时必须在清单文件中进行声明。声明 Service 在清单文件中的<application>标签下使用< Service>标签完成，< service>标签中必须通过 android:name 属性指定 Service 类名，前面加 "."表示当前包路径下。

```
<service android:name=".BinderService"></service>
```

4.11.2 后台服务

后台服务执行时用户无法知晓后台服务执行的情况，也不能进行交互。用户仅能做启动服务和停止服务的操作。

1．后台服务的生命周期

后台服务的生命周期比较简单，包含 onCreate、onStartCommand 和 onDestroy，如表 4-27 所示。

表 4-27 后台服务的生命周期

生命周期阶段	对应的方法	功能描述
onCreate	onCreate()	第一次启动后台服务时调用
onStartCommand	onStartCommand()	每次启动后台服务时调用
onDestroy	onDestroy()	销毁后台服务时调用，销毁后台服务后释放所有相关资源

注意，后台服务也可以调用 onBind() 方法进行服务绑定操作。

2．新建后台服务

新建一个类，继承于 Service，自动生成 onBind() 方法。在后台服务中如果没有绑定需求，onBind() 方法返回 null 即可。

重载 onCreate()、onStartCommand() 和 onDestroy() 方法。在 onCreate() 方法中写第一次启动后台服务时需加载的操作代码；在 onStartCommand() 方法中写后台服务的主要操作代码；在 onDestroy() 方法中写后台服务销毁时需加载的代码，一般为释放资源的代码。

```java
public class BackgroundServic extends Service {
@Nullable
@Override
public IBinder onBind(Intent intent) {
    return null;                              //无绑定需求返回 null
}
@Override
public void onCreate() {
    super.onCreate();
    第一次启动后台服务时加载资源等操作代码
}
@Override
public int onStartCommand(Intent intent, int flags, int startId) {
    后台服务的核心操作代码
    return super.onStartCommand(intent, flags, startId);
}
@Override
public void onDestroy() {
    super.onDestroy();
    释放资源等操作代码
}
```

onStartCommand() 方法返回值有四个选项，分别是 START_STICKY_COMPATIBILITY、START_STICKY、START_NOT_STICKY、START_REDELIVER_INTENT，但开发者也可以自行指定返回值。

START_STICKY_COMPATIBILITY 指后台服务意外中止后自动重新启动，重新调用 onStartCommand() 方法，但不保证调用 onStartCommand() 方法成功。值为整型 0(0x00000000)。

START_STICKY 指后台服务意外中止后自动重新启动，重新调用 onStartCommand() 方法，但不会传递最后的 Intent。值为整型 1(0x00000001)。

START_NOT_STICKY 指后台服务意外中止后不会自动重新启动。值为整型 2(0x00000002)。

START_REDELIVER_INTENT 指后台服务意外中止后自动重新启动，重新调用 onStartCommand() 方法，同时传递最后的 Intent。值为整型 3(0x00000003)。

onStartCommand() 方法一般会自行处理返回值，解决由于系统原因中止后台服务后，后台服务是否继续运行的问题，开发者无须特别指定。

3．启动和停止后台服务

后台服务在其他组件中调用 startService() 方法启动。startService() 方法的参数是 Intent 对象。Intent 对象实例化时指明当前组件和目标后台服务。

```
Intent intent = new Intent(MainActivity.this,BackgroundServic.class);
startService(intent);
```

在同一个组件中调用 stopService() 方法停止后台服务。stopService() 方法的参数是 Intent 对象。Intent 对象实例化同 startService() 方法。

```
stopService(intent);
```

调用 startService() 方法启动后台服务后，除非完成后台服务操作、调用 stopService() 方法停止后台服务或应用程序进程结束，否则后台服务会一直运行。

4.11.3　绑定服务

绑定服务执行时可以与其他组件进行信息交互。用户可以通过绑定服务接口获取绑定服务的执行信息，也可以执行一些操作。

1．绑定服务的生命周期

绑定服务的生命周期包含 onCreate、onBind、onUnbind 和 onDestroy，如表 4-28 所示。

表 4-28　绑定服务的生命周期

生命周期阶段	对应的方法	功能描述
onCreate	onCreate()	第一次启动绑定服务时调用
onBind	onBind()	每次启动绑定服务时新建一个绑定服务的信息交互接口
onUnbind	onUnbind()	绑定服务结束时关闭绑定服务的信息交互接口
onDestroy	onDestroy()	销毁绑定服务时调用，销毁绑定服务后释放所有相关资源

绑定服务中调用 onBind() 方法新建一个信息交互接口，此绑定服务接口可供多个应用程序绑定使用。

2．新建绑定服务

新建一个类，继承于 Service，自动生成 onBind() 方法。在绑定服务类中新建一个内部类，继承于 Binder，绑定服务的主要操作代码写在此内部类中。onBind() 方法返回值为内部类对象。

根据需求重载 onCreate()、onUnbind() 和 onDestroy() 方法。在 onCreate() 方法中写第一次启动绑定服务时需加载的操作代码，在 onUnbind() 方法中写绑定服务关闭时的操作代码；在 onDestroy() 方法中写绑定服务销毁时需加载的代码，一般为释放资源的代码。

```
public class BinderService extends Service {
    private ServiceBinder binder = new ServiceBinder(); //定义绑定服务接口
    @Nullable
    @Override
    public IBinder onBind(Intent intent) {
```

```
        return binder;                              //返回绑定服务接口
    }
    @Override
    public void onCreate() {
        super.onCreate();
        第一次启动绑定服务时加载资源等操作代码
    }
    @Override
    public boolean onUnbind(Intent intent) {
        关闭绑定服务时操作代码
        return super.onUnbind(intent);
    }
    @Override
    public void onDestroy() {
        super.onDestroy();
        释放资源等操作代码
    }
    public class ServiceBinder extends Binder {
        绑定服务的核心操作代码
    }
}
```

3. 启动和停止绑定服务

启动绑定服务之前，需要在对应组件中新建一个内部类实现 ServiceConnection 接口，重载 onServiceConnected() 方法传递绑定服务的接口，重载 onServiceDisconnected() 方法定义与绑定服务的连接意外中断时相关操作(注意取消绑定不调用此方法)。

```
class BinderServiceConnection implements ServiceConnection{
    @Override
    public void onServiceConnected(ComponentName componentName,
                IBinder iBinder) {
        binder = (BinderService.ServiceBinder) iBinder;  //传递绑定服务接口
    }
    @Override
    public void onServiceDisconnected(ComponentName componentName) {
            定义与绑定服务的连接意外中断时相关操作
    }
}
```

绑定服务在其他组件中调用 bindService() 方法启动。bindService() 方法的参数有三个，分别是 Intent 对象、绑定服务连接接口、绑定操作标识。Intent 对象实例化时指明当前组件和目标绑定服务；绑定服务连接接口指绑定服务的接口；绑定操作标识是绑定服务的操作选项。

绑定服务在 Activity 中是在 onStart() 方法中启动的。

```
@Override
protected void onStart() {
    super.onStart();
```

```
intent = new Intent(MainActivity.this,BinderService.class);
serviceConnection = new BinderServiceConnection();
bindService(intent,serviceConnection, Service.BIND_AUTO_CREATE);
}
```

在同一个组件中调用 unbindService()方法停止绑定服务。unbindService()方法参数是 ServiceConnection 对象。ServiceConnection 对象实例化同 bindService()方法。停止绑定服务在 Activity 的 onStop()方法中执行。

```
@Override
protected void onStop() {
    super.onStop();
    unbindService(serviceConnection);
}
```

调用 bindService()方法启动绑定服务后，可以通过 binder 接口获取绑定服务的信息，也可以通过 binder 接口执行其他操作。

4.11.4 前台服务

前台服务执行时会在前台生成一个通知显示相关信息给用户。开发者可以定义是否通过通知与用户进行交互。

1．前台服务的生命周期

前台服务如果不包含用户操作，则生命周期与后台服务相同，只包含 onCreate、onStartCommand 和 onDestroy 三个阶段。但是如果前台服务中含有用户交互操作，那么前台服务的生命周期就包含后台服务和绑定服务的所有生命周期阶段，即 onCreate、onStartCommand、onBind、onUnbind 和 onDestroy。各阶段对应方法及其功能与后台服务和绑定服务相同，如表 4-29 所示。

表 4-29　前台服务的生命周期

生命周期阶段	对应的方法	功能描述
onCreate	onCreate()	第一次启动前台服务时调用
onStartCommand	onStartCommand()	每次启动前台服务时调用
onBind	onBind()	每次启动前台服务时新建一个信息交互接口
onUnbind	onUnbind()	前台服务结束时关闭信息交互接口
onDestroy	onDestroy()	销毁前台服务时调用，销毁前台服务后释放所有相关资源

2．新建前台服务

新建一个类，继承于 Service，自动生成相关方法。

如前台服务中无用户交互操作，则在 onCreate()方法中写第一次启动前台服务时需加载的操作代码；在 onStartCommand()方法中写前台服务显示通知的代码；在 onDestroy()方法中写前台服务销毁时需加载的代码，一般为释放资源的代码。

如前台服务中有用户交互操作，则在前台服务类中新建一个内部类，继承于 Binder，前台服务的用户交互操作代码写在此内部类中。onBind()方法返回值为内部类对象。在 onUnbind()方法中写关闭前台服务用户交互操作的代码；

```
public class BackgroundServic extends Service {
    private ServiceBinder binder = new ServiceBinder();
                                    //有交互需求定义绑定接口

    @Nullable
    @Override
    public IBinder onBind(Intent intent) {
        return null;              //无交互需求返回 null
        return binder;            //有交互需求返回绑定接口
    }
    @Override
    public void onCreate() {
        super.onCreate();
        第一次启动服务时加载资源等操作代码
    }
    @Override
    public int onStartCommand(Intent intent, int flags, int startId) {
        启动前台服务及前台服务显示通知相关代码
        return super.onStartCommand(intent, flags, startId);
    }
    @Override
    public boolean onUnbind(Intent intent) {
        关闭前台服务用户交互操作代码
        return super.onUnbind(intent);
    }
    @Override
    public void onDestroy() {
        super.onDestroy();
        释放资源等操作代码
    }
    public class ServiceBinder extends Binder {
        前台服务的用户交互操作核心代码
    }
}
```

3．启动和停止前台服务

前台服务需要 FOREGROUND_SERVICE 权限，因此在清单文件中需声明此权限。

```
<uses-permission android:name="android.permission.FOREGROUND_SERVICE"/>
```

前台服务通知系统默认延时 10 秒，如果需要即时显示通知，需要在清单文件中声明时，添加 android:foregroundServiceType 属性，属性值可选 mediaPlayback、mediaProjection、和 phoneCall。

```
<service android:name=".ForeService"
        android:foregroundServiceType="mediaPlayback"></service>
```

前台服务在其他组件中调用 startService()方法启动。startService()方法的参数是 Intent 对象。Intent 对象实例化时指明当前组件和目标前台服务。

```
Intent intent = new Intent(MainActivity.this,ForegroundServic.class);
startService(intent);
```

在 Service 类的 onStartCommand()方法中新建通知,调用 startForeground()方法启动前台服务并显示通知。startForeground()方法有两个参数,分别是标识和通知对象。标识值不能为 0 或 null。

```
@Override
public int onStartCommand(Intent intent, int flags, int startId) {
    NotificationManager manager = (NotificationManager)
 getSystemService(Context.NOTIFICATION_SERVICE);      //定义通知管理器
        定义配置 NotificationChannel
    notification = new NotificationCompat.Builder(this,"audio")
                                                     //配置通知
            .setSmallIcon(R.mipmap.ic_launcher)
            .setContentTitle("通知测试")
        配置其他通知属性
            .build();
    startForeground(100, notification);              //启动前台服务
    return super.onStartCommand(intent, flags, startId);
}
```

在同一个组件中调用 stopService()方法停止前台服务。stopService()方法参数是 Intent 对象。Intent 对象实例化同 startService()方法。

```
stopService(intent);
```

如果有用户交互操作,则在启动前台服务之前,需要在对应组件中新建一个内部类实现 ServiceConnection 接口,重载 onServiceConnected()方法传递前台服务中的绑定服务的接口,重载 onServiceDisconnected()方法定义连接意外中断时相关操作(注意取消绑定不调用此方法)。

前台服务中的绑定服务在其他组件中调用 bindService()方法启动。bindService()方法的参数有三个,分别是 Intent 对象、绑定服务连接接口、绑定操作标识。Intent 对象实例化时指明当前组件和目标服务;绑定服务连接接口指绑定服务的接口;绑定操作标识是绑定服务的操作选项。

前台服务中的绑定服务在 Activity 中在 onStart()方法中启动的。

```
@Override
protected void onStart() {
    super.onStart();
    intent = new Intent(MainActivity.this, ForeService.class);
    serviceConnection = new BinderServiceConnection();
    bindService(intent,serviceConnection, Service.BIND_AUTO_CREATE);
}
```

在同一个组件中调用 unbindService（）方法停止前台服务中的绑定服务。unbindService（）方法的参数是 ServiceConnection 对象。ServiceConnection 对象实例化同 bindService（）方法。停止前台服务中的绑定服务在 Activity 的 onStop（）方法中执行。

```
@Override
protected void onStop() {
    super.onStop();
    unbindService(serviceConnection);
}
```

前台服务中绑定服务调用 bindService（）方法启动后，可以通过 binder 接口获取前台服务的信息，也可以通过 binder 接口执行其他操作。

4.11.5 IntentService

IntentService 是 Service 的子类，用于在 Service 中使用子线程处理相关操作。

IntentService 优势如下：

（1）自动创建子线程，用于执行相关任务操作。

（2）自动创建任务队列，用于将任务逐一传递给 onHandleIntent（）实现，减少多线程冲突的问题。

（3）在处理完所有启动请求后自动停止。

因此一般需要使用子线程完成的相关 Service 都使用 IntentService。

1．新建 IntentService

新建一个类，继承于 IntentService，自动生成相关方法。

所有操作均在 onHandleIntent（）方法中完成。

```
public class DownloadService extends IntentService {
    public DownloadService(String name) {
        super(name);
    }
    @Override
    protected void onHandleIntent(@Nullable Intent intent) {
            相关操作代码
    }
}
```

2．启动 IntentService

IntentService 在其他组件中调用 startService（）方法启动。startService（）方法的参数是 Intent 对象。Intent 对象实例化时指明当前组件和目标 IntentService。

```
Intent intent = new Intent(MainActivity.this, DownloadService.class);
startService(intent);
```

IntentService 在操作完成后自动停止并销毁，因此无需停止 IntentService 的代码。

4.12 Intent 信息交互机制技术资料

Intent 是一个消息传递对象，用于传递 Activity 和 Service 的启动配置信息以及广播的发送配置信息。Intent 包含的信息有：Component、Action、Data、Type、Category、Extra、Flag。

4.12.1 配置 Component

Intent 对象配置 Component 操作用于 Activity 和 Service 的启动。Component 信息是指目标组件名称，有四种配置方法，分别是构造方法、setComponent()方法、setClass()方法和 setClassName()方法。这些方法多用于启动自定义的 Activity 和 Service。

1. 构造方法

使用构造方法指定 Component。构造方法有两个参数，分别是当前上下文和目标类编译文件(class 文件)。

```
Intent intent = new Intent(MainActivity.this,SecondActivity.class);
```

2. setComponent()方法

使用 setComponent()方法指定 Component。setComponent()方法参数是 ComponentName 对象。ComponentName 对象实例化有两个参数，分别是当前上下文和目标类编译文件。

```
Intent intent = new Intent();
ComponentName cn = new ComponentName(MainActivity.this,SecondActivity.class);
intent.setComponent(cn);
```

3. setClass()方法

使用 setClass()方法指定 Component。setClass()方法有两个参数，分别是当前上下文和目标类编译文件。

```
intent.setClass(MainActivity.this,SecondActivity.class);
```

4. setClassName()方法

使用 setClassName()方法指定 Component。setClassName()方法有两个参数，分别是当前包名和目标类名(含包路径)。

```
Intent intent = new Intent();
intent.setClassName("com.example.intent","com.example.intent.SecondA
ctivity");
```

4.12.2 配置 Action

配置目标对象的 Action 有两种方式，分别是构造方法和 setAction()方法。无论是使用构造方法配置 Action 还是调用 setAction()方法配置 Action，其参数均为 Action 名称。

Action 的名称有两种,分别是自定义 Action 名称和系统 Action 名称,其中自定义 Action
名称多用于广播发送操作, 系统 Action 名称多用于启动系统应用程序。

注意, 引用系统 Action 名称时可能需要配置 Data 和 Type。

```
Intent intent = new Intent("testbroadcast");    //指定广播的 Action
```

或者

```
Intent intent = new Intent(Intent. Intent.ACTION_CALL);    //指定系统
应用程序的 Action
```

常用的系统应用程序 Action 如表 4-30 所示。

表 4-30　常用的系统应用程序 Action

Action 名称	功能描述
ACTION_VIEW	调用对应的系统程序显示相关数据
ACTION_EDIT	编辑相关数据
ACTION_DIAL	进入拨号盘
ACTION_CALL	直接拨打电话
ACTION_SENDTO	发送短信或邮件
ACTION_SETTINGS	进入设置界面

除了 ACTION_SETTINGS, 其他 Action 都需要配置 Data, Data 为 Uri 类型。
ACTION_VIEW、ACTION_EDIT 则需要配置 Data 及对应的 Type。

```
Uri uri = Uri.parse("tel:10010");
Intent intent = new Intent(Intent.ACTION_CALL,uri);
```

4.12.3　配置 Data 和 Type

Intent 对象中 Data 要求为 Uri 类型,因此配置 Intent 对象中 Data 除了直接获取数据的
Uri,还可以使用字符串进行转换。

拨号或者电话的 Uri 字符串为 "tel:10010" 格式。

```
Uri uri = Uri.parse("tel:10010");
Intent intent = new Intent(Intent.ACTION_DIAL,uri);
```

短信的 Uri 字符串为 "smsto:10010" 格式。

```
Uri uri = Uri.parse("smsto:10010");
Intent intent = new Intent(Intent.ACTION_SENDTO, uri);
```

邮件的 Uri 字符串为 "mailto:someone@domain.com" 格式。

```
Uri uri = Uri.parse("mailto:someone@domain.com");
Intent intent = new Intent(Intent.ACTION_SENDTO, uri);
```

网页的 Uri 字符串为 "http://www.hbctc.edu.cn" 格式。

```
Uri uri = Uri.parse("http://www.hbctc.edu.cn");
Intent intent = new Intent(Intent.ACTION_VIEW, uri);
```

有些数据在展示时需要同时配置 Data 和 Type，需调用 setDataAndType()方法，不能分别调用 setData()和 setType()，因为调用 setData()时会首先将 setType()中的内容置空，反之调用 setType()时会首先将 setData()中的内容置空，最终出错。

Type 为 MIME 类型，常用 Type 如表 4-31 所示。

表 4-31　常用 Type

类型	引用代码
图片	image/*，用*统配即可
音频	audio/*，可能出现无法识别格式的问题
视频	vedio/*，可能出现无法识别格式的问题
文本文件	text/plain，一般 txt、log 均可使用
DOC	application/msword
DOCX	application/vnd.openxmlformats-officedocument.wordprocessingml.document
XLS	application/vnd.ms-excel application/x-excel
XLSX	application/vnd.openxmlformats-officedocument.spreadsheetml.sheet
PPT	application/vnd.ms-powerpoint
PPTX	application/vnd.openxmlformats-officedocument.presentationml.presentation
PDF	application/pdf

使用 ACTION_VIEW、ACTION_EDIT 显示图片时，需要同时配置 Data 和 Type。

```
Uri uri = Uri.parse("/storage/emulated/0/hlg.jpg")
Intent intent = new Intent();
intent.setAction(Intent.ACTION_VIEW);
intent.setDataAndType(uri,"image/*");
```

4.12.4　配置 Category

Category 包含了 Intent 对应组件的附加信息（组件的应用场景），因此多与 ACTION_MAIN 一起使用，用于指定启动应用场景对应界面，其他 Intent 不需要指定 Category。常用 Category 及其功能如表 4-32 所示。

表 4-32　常用 Category 及其功能

Category 名称	功能描述
CATEGORY_LAUNCHER	和 ACTION_MAIN 一起使用，启动第一个 Activity
CATEGORY_HOME	点击 Home 按钮显示的界面
CATEGORY_APP_BROWSER	和 ACTION_MAIN 一起使用，用来启动浏览器应用程序
CATEGORY_APP_CALCULATOR	和 ACTION_MAIN 一起使用，用来启动计算器应用程序
CATEGORY_APP_CALENDAR	和 ACTION_MAIN 一起使用，用来启动日历应用程序
CATEGORY_APP_CONTACTS	和 ACTION_MAIN 一起使用，用来启动联系人应用程序
CATEGORY_APP_EMAIL	和 ACTION_MAIN 一起使用，用来启动邮件应用程序
CATEGORY_APP_GALLERY	和 ACTION_MAIN 一起使用，用来启动图库应用程序
CATEGORY_APP_MAPS	和 ACTION_MAIN 一起使用，用来启动地图应用程序
CATEGORY_APP_MARKET	对应 Activity 允许用户浏览和下载新的应用程序
CATEGORY_APP_MESSAGING	和 ACTION_MAIN 一起使用，用来启动短信应用程序
CATEGORY_APP_MUSIC	和 ACTION_MAIN 一起使用，用来启动音乐应用程序
CATEGORY_APP_WEATHER	和 ACTION_MAIN 一起使用，用来启动天气应用程序

4.12.5 配置 Extra

Extra 是 Intent 对象附带传递的数据。Intent 对象传递数据有两种方法,分别是 putExtra()
方法和 putExtras()方法。

1．putExtra()方法

putExtra()方法有两个参数。第一个参数是键名(String 类型),第二个参数是值(Object
对象类型)。接收时则需指明接收值的类型对应的方法。

简单数据类型的值的接收方法有两个参数,第一个参数是键名(String 类型),第二个
参数是未接收到值的缺省值。

```
intent.putExtra("abc",1);
intent.getIntExtra("abc",0);
```

数组或者集合类的值的接收方法只有一个参数,即键名(String 类型)。

```
intent.putExtra("efg",new ArrayList<>());
intent.getParcelableArrayListExtra("efg");
```

数据对象类型的值的接收方法参数是键名(String 类型),赋值时需要强制转换为对应
的数据对象类型。

```
User user = new User();
intent.putExtra("hij",user);
User user1 = (User) intent.getSerializableExtra("hij");
```

2．putExtras()方法

putExtras()方法参数为 Bundle 对象,所有数据均存放于 Bundle 对象中。接收时则调
用 getExtras()方法,取值为 Bundle 类型。

```
Bundle bundle = new Bundle();
bundle.putString("b_user","abc");
bundle.putString("b_pwd","123");
intent.putExtras(bundle);
Bundle bundle1 = new Bundle();
bundle1 = intent.getExtras();
```

4.12.6 启动组件

Intent 对象配置完成后可以进行三类操作:(1)启动 Activity;(2)启动 Service;(3)发
送广播。

1．启动 Activity

启动 Activity 有两种,一种是直接打开 Activity,无返回值;另一种是打开获取资源的
Activity,返回所选取资源的信息。

启动无返回值 Activiy 是通过调用 Activity 的 startActivity()方法完成的。startActivity()
方法的参数是 Intent 对象。

```
startActivity(intent);
```

启动获取资源的 Activity 的 startActivityForResult()方法在 API 29 以上版本中被弃用。当前替代 startActivityForResult()方法的是 Activity 的 registerForActivityResult()方法。

registerForActivityResult()方法有两个参数,分别是 ActivityResultContracts 对象和回调对象。

ActivityResultLauncher 对象必须定义在 onCreate()或 onStart()方法中。

```
ActivityResultLauncher launcher = registerForActivityResult(new
        ActivityResult
    Contracts.StartActivityForResult(), new ActivityResultCallback
          <ActivityResult>() {
        @Override
        public void onActivityResult(ActivityResult result) {
            获取返回值后操作
        }
});
```

在监听器响应操作代码中调用 launch()方法启动 ActivityResultLaunCher 对象,打开显示所有资源的 Activity。

```
Intent intent = new Intent();
intent.setAction(Intent.ACTION_OPEN_DOCUMENT);
intent.setType("image/*");
launcher.launch(intent);
```

2. 启动 Service

Intent 对象启动 Service 有两种方法, 分别是 startService()方法和 bindService()方法。startService()方法用于启动后台服务,参数是 Intent 对象。

```
Intent intent = new Intent(MainActivity.this,BackgroundServic.class);
startService(intent);
```

bindService()方法用于启动绑定服务, 有三个参数, 分别是 Intent 对象、绑定服务连接接口和绑定操作标识。

```
Intent intent = new Intent(MainActivity.this,BinderService.class);
serviceConnection = new BinderServiceConnection();
bindService(intent,serviceConnection, Service.BIND_AUTO_CREATE);
```

3. 发送广播

Intent 对象发送广播根据广播类型调用对应的方法。

广播的 Action 标识配置都是通过调用 Intent 对象的 setAction()方法完成的。

```
Intent intent = new Intent();
intent.setAction("testbroadcast");
```

发送标准广播调用 Activity 的 sendBroadcast()方法,参数是 Intent 对象。

```
intent.putExtra("hello","这是标准广播测试");
sendBroadcast(intent);
```

发送有序广播调用 Activity 的 sendOrderedBroadcast()方法,有两个参数,分别是 Intent 对象和接收权限。

```
intent.putExtra("hello","这是有序广播测试");
sendOrderedBroadcast(intent,null);
```

发送本地广播调用 LocalBroadcastManager 对象的 sendBroadcast()方法,参数是 Intent 对象。

```
LocalBroadcastManager lbm = LocalBroadcastManager.getInstance
                              (getApplicationContext());
lbm.sendBroadcast(intent);
```

4.12.7 传递和接收数据

Intent 对象传递数据是通过配置 Extra 属性完成的,即调用 putExtra()方法或 putExtras() 方法配置传递的数据,详细使用方法见 4.12.5 节。

Intent 接收数据是通过组件的 getIntent()方法完成的。然后再调用 getExtra()方法或 getExtras()方法解析数据。

```
Intent intent = getIntent();
Bundle bundle = intent.getExtras();
intent.getIntExtra("abc",0);
```

4.12.8 隐式配置 Intent

隐式配置 Intent 是在清单文件中<activity>、<service>或<receiver>组件标签下用 <intent-filter>标签进行的。<intent-filter>标签下可添加<action>标签、<data>标签、<category> 标签配置对应的操作属性、数据属性和分类属性。数据属性中可指定 MIME 类型。

```
<activity android:name="ShareActivity">
   <intent-filter>
      <action android:name="android.intent.action.SEND"/>
      <category android:name="android.intent.category.DEFAULT"/>
      <data android:mimeType="text/plain"/>
   </intent-filter>
</activity>
```

4.13 Android 多线程技术资料

Android 线程分为守护线程和非守护线程。守护线程可理解为系统线程,用于程序运行时为其他线程提供服务,例如内存回收。非守护线程可理解为用户线程,包括 UI 线程(主线程)和子线程。Android 多线程编程一般是对用户线程进行操作。

Android 多线程编程有两大原则:不要阻塞 UI 线程;不要在 UI 线程之外更新 UI 组件。

UI 线程也称为主线程,用于用户 UI 界面交互操作。由于用户会频繁在 UI 界面进行各类操作，因此 UI 线程必须保持很高的响应速度，不能有耗时操作，否则 UI 线程阻塞超过 5 秒会出现 ANR（Application Not Responding，应用程序无响应）错误。

子线程是用户自建的线程，用于网络操作、I/O 操作等耗时操作。

多线程常用方法有 Thread、Handler、AsyncTask、IntentServic、ThreadPool 等。

4.13.1 Thread

Thread 有两种使用方法：一种是继承 Thread 类；另一种是实现 Runnable 接口。继承 Thread 类多用于各线程分别完成各自任务的场景，即一个线程对应一个场景。而实现 Runnable 接口多用于各线程协作完成一个任务、共享资源的场景，即多个线程对应一个场景。在应用程序开发过程中，子线程是服务于 UI 线程，为了完成 UI 线程中某项任务而建立的，因此推荐使用实现 nnable 接口方法。

1. 继承 Thread 类

创建新类继承 Thead 类，新类实例化后调用 start()方法开启新线程，实现并发操作。直接调用 run()方法是执行 run()方法中的代码，不是开启新线程，不能实现并发操作。

```
public class TestThread extends Thread{
    @Override
    public void run() {
        super.run();
        执行操作语句
    }
}
```

开启新线程操作代码如下。

```
TestThread testThread = new TestThread();
testThread.start();
```

2. 实现 Runnable 接口

实现 Runnable 接口可使用两种方式，分别是创建新线程类和使用匿名类。
1）创建新线程类实现 Runnable 接口
创建新类，新类实例化后通过参数配置给新线程。新类可重用。

```
public class TestRunnable implements Runnable{
    @Override
    public void run() {
        执行操作语句
    }
}
```

开启新线程操作代码如下。

```
TestRunnable testRunnable = new TestRunnable();
    Thread thread = new Thread(testRunnable);
    thread.start();
    Thread thread1 = new Thread(testRunnable);
```

```
    thread1.start();
```

2）使用匿名类实现 Runnable 接口

在组件操作中直接使用匿名类实现 Runnable 接口进行多线程操作。此方法中数据传递简单，推荐使用。

```
new Thread(new Runnable() {
    @Override
    public void run() {
        组件操作语句
    }
}).start();
```

注意，代码最后必须调用 start()方法启动。

4.13.2　Handler

Handler 是一个提供异步消息处理的对象，用于多线程的应用场景中，将子线程中更新界面的操作信息传递到 UI 线程，实现子线程对界面的更新处理。

Handler 消息传递机制能够保证多线程并发更新界面的信息安全。

Handler 对象有三种使用方法，分别是继承 Handler 类、匿名 Handler 类和调用 post()方法。

1．继承 Handler 类

创建一个类（或内部类），重载 handleMessage()方法执行相关操作。新类通过调用 sendMessage()方法发送相关耗时操作的结果，参数为 Message 对象。Message 对象有两个常用变量，分别是 what 和 obj。其中 what 变量多用于传递数据标识，数据类型是整型；obj 变量多用于传递数据内容，数据类型是对象类型。

```
public class TestHandler extends Handler {
@Override
public void handleMessage(@NonNull Message msg) {
    super.handleMessage(msg);
    switch (msg.what){
        case 1:
            操作代码
            break;
    }
}
}
```

模拟耗时操作代码如下。

```
TestHandler testHandler = new TestHandler(); //实例化继承的 Handler 类
Timer timer = new Timer();
timer.schedule(new TimerTask() {
    @Override
    public void run() {
```

```
            if(count>10){
                timer.cancel();
            }
        Message msg = Message.obtain();
        msg.what = 1;
        msg.obj = "测试" + count;
        testHandler.sendMessage(msg);           //传递消息
        count++;
        }
},0,100);
```

在 onCreate()方法中调用 Handler 类的代码如下。

```
TestHandler testHandler = new TestHandler();
```

2. 匿名 Handler 类

每一个 Handler 对象都是一个线程，使用一个消息队列传递消息。初始化 Handler 对象时需创建一个 Looper，由 Looper 管理消息队列。创建匿名 Handler 类时，可在 Handler 构造方法中直接使用系统提供的 Looper 参数 Looper.myLooper()。

```
Hanlder handler = new Handler(Looper.myLooper()){  //handler 匿名类
    @Override
    public void handleMessage(@NonNull Message msg) {
        super.handleMessage(msg);
        switch (msg.what){
            case 1:
                操作代码
                break;
        }
    }
};
```

注意无参数 Handler 构造方法已经被弃用，因此在 Handler 的实例化时，务必在构造方法中添加 Looper.myLooper()参数。

模拟耗时操作代码如下。

```
Timer timer = new Timer();
timer.schedule(new TimerTask() {
    @Override
    public void run() {
        if(count>10){
            timer.cancel();
        }
        Message msg = Message.obtain();
        msg.what = 1;
        msg.obj = "测试匿名 Handler 类" + count;
        handler.sendMessage(msg) ;     //用匿名类实例化的 Handler 传递消息
        count++;
        }
},0,100);
```

3．调用 post() 方法

post() 方法一般放在耗时操作线程中，完成更新 UI 界面或其他操作。由于不需要传递相关数据信息，因此调用 post() 方法是所有方法中最简明的，推荐使用。

```
handler = new Handler(Looper.myLooper());
Timer timer = new Timer();
timer.schedule(new TimerTask() {
    @Override
  public void run() {
      if(count>10){
          timer.cancel();
      }
      handler.post(new Runnable() {        //post()方法放在耗时操作线程中
          @Override
          public void run() {
            Log.d("------","测试 handler.post()方法" + count);
          }
      });
      count++;
  }
},0,100);
```

4.14　Android 数据存储技术资料

Android 本地数据常使用 SharedPreferences 轻量级存储对象和 SQLite 数据库存放。下面分别介绍这两种数据存储技术。

4.14.1　SharePreference 轻量级存储对象

应用程序经常要存储一些简单的配置数据，这些数据的数据量较小，例如：用户设置等。此时一般选择使用 SharedPreferences 保存此类数据。

SharedPreferences 是一个轻量级的存储对象，采用键值对的方式存储数据，数据存放于 XML 文件中，存放文件的路径是/data/data/<package name>/shared_prefs 目录下。

SharedPreferences 可存储的数据类型有：int、boolean、float、long、String、StringSet。
SharedPreferences 基本操作包括：定义、定义编辑器、编辑数据、提交、读取。

1．定义 SharedPreferences

在组件类中调用 getSharedPreferences() 方法定义 SharedPreferences，有两个参数，分别是 SharedPreferences 对象名称和 SharedPreferences 对象访问权限。

SharedPreferences 可设置三种访问权限：

（1）MODE_PRIVATE：仅当前应用程序可以存储和读取数据；

（2）MODE_WORLD_READABLE：可被其他应用程序读取数据（已废除）；

(3)MODE_WORLD_WRITEABLE：可被其他应用程序存储和读取数据(已废除)。

```
SharedPreferences  sp  =  this.getSharedPreferences("user", Context.
MODE_PRIVATE);
```

2. 定义 SharedPreferences 编辑器

SharedPreferences 编辑器是 Editor 对象。通过调用 SharedPreferences 对象的 edit()方法定义 SharedPreferences 编辑器。只有通过 Editor 才能对 SharedPreferences 对象进行操作。

```
SharedPreferences.Editor editor = sp.edit();
```

3. SharedPreferences 数据预处理

SharedPreferences 数据预处理包括：添加数据、删除数据、清空数据。均需使用 Editor 进行操作。

1)添加数据

添加数据通过调用 Editor 的 put()方法完成，有两个参数，分别是键(key)和值(value)，添加相同键的数据会覆盖之前存储的数据。

```
editor.putString("user","abc");
```

2)删除数据

删除数据通过调用 Editor 的 remove()方法完成，参数是需要删除的数据的键。

```
editor.remove("user");
```

3)清空数据

清空整个 SharedPreferences 对象内的数据通过调用 Editor 的 clear()方法完成。

```
editor.clear();
```

SharedPreferences 数据预处理后数据保存在内存中，并未实际写入 SharedPreferences 对象的存储文件。

4. 提交数据

开发者对 SharedPreferences 对象的数据进行添加、删除和清空等预处理后，必须调用 Editor 的 commit()方法进行提交数据操作，将预处理后的数据保存到 SharedPreferences 对象的存储文件中。

```
editor.commit();
```

5. 读取数据

读取 SharedPreferences 对象数据之前，需在组件类中调用 getSharedPreferences()方法定义 SharedPreferences 对象，然后根据读取数据的数据类型调用 SharedPreferences 对象的对应方法读取数据，例如 getString()方法、getInt()方法、getFloat()方法等。这些方法有两个参数，分别是键和默认值(defvalue)。默认值是指未取到数据时返回的值，可设置为 null。

```
settings.getString("user", null);
```

4.14.2 SQLite 数据库

SQLite 数据库是应用程序中最常用的本地数据库,具有小型化、自给自足、无服务器、零配置、跨平台、事务性的特性。

SQLite 数据库具体特征如下:

(1) 小型化:SQLite 数据库非常小,完全配置时 400K,省略可选功能配置时小于 250K。

(2) 自给自足:SQLite 数据库存储在一个单一的跨平台文件中,不需要任何外部的依赖。

(3) 无服务器:SQLite 数据库不需要单独的服务器进程,即无须配置服务器。

(4) 零配置:SQLite 数据库无须安装和管理。

(5) 跨平台:SQLite 数据库使用 ANSI-C 编写,并提供多种编程语言的 API,简单易用,可在 Linux、Mac OS、Android、iOS 和 Windows 系统中运行。

(6) 事务性:SQLite 数据库事务是完全兼容 ACID 的,允许多个进程或线程安全访问,支持 SQL92(SQL2)标准的大多数查询语言的功能。

SQLite 数据库的操作依赖于两个类,分别是 SQLiteOpenHelper 类和 SQLiteDatabase 类。其中 SQLiteOpenHelper 类用于数据库和表的创建及更新,SQLiteDatabase 类用于数据库的具体操作,包括添加、删除、修改、查询数据和执行 SQL 语句。

1. 创建 SQLite 数据库

创建 SQLite 数据库是通过一个继承于 SQLiteOpenHelper 的类来完成的。在 Android Studio 开发平台中,可以使用快捷键【Alt+Enter】生成构造方法、onCreate()方法和 onUpgrade()方法。

1) 构造方法

自动生成构造方法时有三种选择,一般选择四参数的构造方法。四个参数具体功能如下:

(1) 第一个参数指定上下文,为 Context 类型;

(2) 第二个参数指定数据库名称,为 String 类型,后缀为 db,例:"trip.db";

(3) 第三个参数指定取出的数据集,一般设置为 null;

(4) 第四个参数指定版本号,为整型,一般使用大于 0 的整数。

```
    public DBHelper(@Nullable Context context, @Nullable String name,
@Nullable SQLiteDatabase.CursorFactory factory, int version) {
        super(context, name, factory, version);
    }
```

除上下文以外,其余三个参数可直接在构造方法中指定。

```
    public DBHelper(Context context){
        super(context,"SchoolHepler.db",null,1);
    }
```

2) onCreate()方法

onCreate()方法是数据库第一次启动时的操作方法。onCreate()方法参数是 SQLiteDatabase 对象,一般在 onCreate()方法中调用 SQLiteDatabase 对象的 execSQL()方法建立 SQLite 数据库的所有数据表。SQLiteDatabase 对象的 execSQL()方法的参数是建立数据表的 SQL 语句,是 String 类型。

```
public void onCreate(SQLiteDatabase db) {
    String sql1 = "create table trips(trip_id integer primary key
        AUTOINCREMENT, trip_name text,trip_img text,trip_desc
        text,trip_route text);";
    String sql2 ="create table users(user_id integer primary key
        AUTOINCREMENT," user_name text,user_password text,user_loc
        text,user_grade text, user_hob text,user_auth text,user_date
        text);";
    db.execSQL(sql1);
    db.execSQL(sql2);
}
```

3）onUpgrade（）方法

onUpgrade（）方法用于 SQLite 数据库升级时定义其属性和操作。一般使用 switch（）方法将所有升级的版本代码都保存，更便于查阅。

```
public void onUpgrade(SQLiteDatabase db, int olderVersion, int newVersion) {
    switch (olderVersion){
        case 1:
            db.execSQL(sql1);
        case 2:
            db.execSQL(sql2);
        case newVersion:
            db.execSQL(sqlnew);
    }
}
```

注意每个 case 中都没有 break，保证 SQLite 数据库升级到最后一个版本。

2．SQLite 数据库的操作

所有 SQLite 数库据操作都是通过调用 SQLiteDatabase 对象的相关方法完成的。SQLiteDatabase 对象常用方法有 insert（）方法、delete（）方法、update（）方法、query（）方法以及 execSQL（）方法。

1）定义 SQLiteDatabase 对象

SQLite 数据库的操作需要先定义 SQLiteDatabase 对象，通过调用 SQLiteDatabase 对象的相关方法进行。

```
SQLiteDatabase db = dbHelper.getWritableDatabase();
SQLiteDatabase db = dbHelper.getReadableDatabase();
```

getWritableDatabase（）方法表示可执行修改操作，getReadableDatabase（）方法表示只能执行读取操作。

2）insert（）方法

SQLite 数据库添加数据操作调用 SQLiteDatabase 对象的 insert（）方法。insert（）方法有三个参数，具体说明如下：

（1）第一个参数指定要添加数据的表名，是 String 类型；

(2) 第二个参数指定空值的列名，是 String 类型，一般设置为 null；

(3) 第三个参数指定添加的数据，是 ContentValues 类型。ContentValues 对象的键值必须与数据表字段名一致。

```
ContentValues cv = new ContentValues();
cv.put("trip_name",edt_tripIns_name.getText().toString());
cv.put("trip_img",imgPath);
cv.put("trip_desc",edt_tripIns_desc.getText().toString());
cv.put("trip_route",edt_tripIns_route.getText().toString());
db.insert("trip",null,cv);
```

insert() 方法返回值是添加数据的条数，为 long 类型。

3) delete() 方法

SQLite 数据库删除数据操作调用 SQLiteDatabase 对象的 delete() 方法。delete() 方法有三个参数，具体说明如下：

(1) 第一个参数指定要删除数据的表名，是 String 类型；

(2) 第二个参数指定删除操作的约束条件，是 String 类型，例如 where 语句；

(3) 第三个参数指定约束条件的具体值，是字符串数组类型，对应多个约束条件。

```
db.delete("trip","id = ?",new String[]{"2"});
```

delete() 方法返回值是删除数据的条数，为 int 类型。

4) update() 方法

SQLite 数据库修改数据操作调用 SQLiteDatabase 对象的 update() 方法。update() 方法有四个参数，具体说明如下：

(1) 第一个参数指定要修改数据的表名，是 String 类型；

(2) 第二个参数指定修改的数据，是 ContentValues 类型；

(3) 第三个参数指定修改操作的约束条件，是 String 类型，例如 where 语句；

(4) 第四个参数指定约束条件的具体值，是字符串数组类型，对应多个约束条件。

```
db.update("trip",cv,"where id = ?",new String[]{"2"});
```

update() 方法返回值是修改数据的条数，为 int 类型。

5) query() 方法

SQLite 数据库查询数据操作调用 SQLiteDatabase 对象的 query() 方法。query() 方法有七个参数，具体说明如下：

(1) 第一个参数指定要查询数据的表名，是 String 类型；

(2) 第二参数指定要查询数据的列，是字符串数组类型；

(3) 第三个参数指定查询操作的约束条件，是 String 类型，例如 where 语句；

(4) 第四个参数指定约束条件的具体值，是字符串数组类型，对应多个约束条件；

(5) 第五个参数指定查询数据分组列名，是 String 类型；

(6) 第六个参数指定查询数据的分组条件，是 String 类型；

(7) 第七个参数指定查询数据的排序条件，是 String 类型。

```
db.query("trip",new  String[]{"id","name"},  "where  id  =  ?",new
String[]{"2"},"group by id","having name","order by id des")
```

query（）方法返回查询到的数据，返回值为 Cursor 类型。

解析 Cursor 类型数据，是用循环方法逐步取值。以将 Cursor 类型数据转成 List 集合为例。

```
List<Map<String,Object>> triplist = new ArrayList<>();
while (cursor.moveToNext()){
    Map<String,Object> map = new HashMap<>();
    map.put("id",cursor.getString(cursor.getColumnIndex("trip_id")));
    map.put("name",cursor.getString(cursor.getColumnIndex("trip_name")));
    map.put("img",cursor.getString(cursor.getColumnIndex("trip_img")));
    map.put("desc",cursor.getString(cursor.getColumnIndex("trip_desc")));
    map.put("route",cursor.getString(cursor.getColumnIndex("trip_route")));
    triplist.add(map);
}
```

最后关闭 Cursor，释放资源。

```
cursor.close();
```

6）execSQL（）方法

SQLite 数据库执行 SQL 语句操作调用 SQLiteDatabase 对象的 execSQL（）方法，无返回值。

```
db.execSQL("select * from trip;");
```

4.15   Android 文件技术资料

应用程序对 Android 操作系统的文件进行操作时，需要进行权限配置，然后根据文件的绝对路径或者 Uri 路径对文件进行管理操作。

4.15.1   文件操作权限配置

应用程序的权限配置通过在清单文件中进行声明完成。对应权限配置的标签为 <uses-permission>，标签内的 android:name 属性用于配置权限。文件操作所需权限有两个，分别是 READ_EXTERNAL_STORAGE 和 MANAGE_EXTERNAL_STORAGE，原有的读文件权限 WRITE_EXTERNAL_STORAGE 已经弃用。

```
<uses-permission android:name="android.permission.READ_EXTERNAL_
            STORAGE"/>
<uses-permission android:name="android.permission.MANAGE_EXTERNAL_
            STORAGE"/>
```

Android 11 或更高版本的 Android 操作系统中，应用程序只能访问自身的安装目录和 MediaStore API 可访问的目录。

4.15.2   文件存储空间

Android 文件存储空间分为内部存储和外部存储。

1．内部存储

内部存储相关操作需要 root 权限，手机的文件管理无法看到内部存储的文件内容，可以在授权后通过 Android Studio 开发平台中的 Device File Explore 工具来读取。

Android 操作系统的内部存储目录是/data/data/，应用程序安装在内部存储目录中下，创建以应用程序包名命名的文件夹，例如/data/data/com.edu.hbctc.hjschoolhelper/。

应用程序只能在内部存储中自身的安装目录下进行读写操作，对该目录之外的其他内部存储中的目录都没有任何操作的权限，因此，如果将文件保存在内部存储中，只能被应用程序自身读取，其他应用程序均无法读取。应用程序安装目录下的文件夹及文件会随着应用程序的卸载而被系统自动删除。

2．外部存储

当前 Android 手机内存都比较大，例如有的手机具有 64G 内存。那么外部存储应该是除了内部存储之外的部分，不仅仅是 Android 4.4 以前所指的 SD 卡。

外部存储的路径在不同的 Android 版本中有比较大的变化，当前 Android 操作系统中外部存储的目录是/sdcard/和/storage/，例如，/sdcard/、/storage/self/primary、/storage/emulated/0/。在插 SD 卡后/storage/目录中会出现 SD 卡路径，以 SD 卡编号为目录名称，例如/storage/1409-0B07。

4.15.3　文件路径

Android 操作系统文件访问的策略一直在变化，Android 11 以上版本的文件存储机制修改成了沙盒模式，因此当前应用程序只能访问自己安装目录下的文件和公共媒体文件夹中的文件。

访问文件需要获取文件的存储路径，获取内部存储路径和外部存储路径的方法不同。

1．获取内部存储路径的方法

Environment.getDataDirectory()方法获取内部存储的文件夹路径。

Environment.getDownloadCacheDirectory()方法获取内部存储的下载缓存路径。

Environment.getRootDirectory()方法获取系统 root 路径。

getCacheDir()方法获取当前项目的内部存储缓存路径。

getFilesDir()方法获取当前项目的内部存储文件路径。

getDataDir()方法获取当前项目的数据存储路径。

2．获取外部存储路径的方法

Environment.getStorageDirectory()方法获取外部存储的文件夹路径。

getExternalCacheDir()方法获取外部存储的缓存路径。

getExternalFilesDir()方法获取外部存储的文件路径。

getExternalStorageDirectory()方法获取外部存储的文件夹路径。（已弃用）

getExternalStoragePublicDirectory()方法获取外部存储的公共媒体文件夹路径，包括 Music、Movies、Picture 等文件夹。（已弃用）

3．应用程序能访问的路径

应用程序能访问的路径一般是自身安装目录下的路径，包含内部存储和外部存储的路径，即 getCacheDir()方法、getFilesDir()方法、getExternalCacheDir()方法或 getExternalFilesDir()方法获取的文件路径。

应用程序内部操作文件的存储路径推荐使用该应用程序安装目录下的路径，对外不可见。在卸载应用程序时所有应用程序安装目录下的数据将全部被删除，因此如果需要使数据对外可见或在卸载应用程序后仍保留，可将数据存储到公共目录。另外应用程序也可通过 ContentProvider 读取数据。

4.15.4 文件资源或路径的获取

Android Studio 开发平台中提供了 ActivityResultContracts 对象，支持用户获取文件资源或路径。

ActivityResultContracts 对象中配置了获取文件资源或路径的方法，其对应功能如表 4-33 所示。

表 4-33 ActivityResultContracts 对象获取文件资源或路径的方法

方法	功能描述
StartActivityForResult()	与 startActivityForResult()方法类似，Intent 作为输入，ActivityResult 作为输出
RequestPermission()	用于请求单个权限
RequestMultiplePermissions()	用于请求一组权限
TakePicturePreview()	调用 MediaStore.ACTION_IMAGE_CAPTURE 拍照，返回 Bitmap 图片
TakePicture()	调用 MediaStore.ACTION_IMAGE_CAPTURE 拍照，并将图片保存到给定的 Uri 路径，返回 true 表示保存成功
TakeVideo()	调用 MediaStore.ACTION_VIDEO_CAPTURE 拍摄视频，保存到给定的 Uri 路径，返回一张缩略图
CaptureVideo()	调用 MediaStore.ACTION_VIDEO_CAPTURE 拍摄视频，保存到给定的 Uri 路径，返回 true 表示保存成功
PickContact()	从通讯录获取联系人
GetContent()	提示用户选择一条内容，返回一个 Uri 路径
GetMultipleContents()	提示用户可以选择多条内容，返回一个 List 集合
CreateDocument()	复制用户选择的一个文档到选中的文件夹中，返回一个 Uri 路径
OpenDocument()	提示用户选择一个文件，返回一个 Uri
OpenMultipleDocuments()	提示用户可以选择多个文件，返回一个 List 集合

StartActivityForResult()方法类似于原来的 startActivityForResult()方法，所有配置均在 Intent 对象中。通过调用 ActivityResultLauncher 对象的 launch()方法启动，参数为 Intent 对象。

GetContent()方法返回的 Uri 路径以 content 开头，可以通过输入流的形式读取选择的数据，即通过 ContentResolver.openInputStream(Uri)方法读取所选择的数据。通过调用 ActivityResultLauncher 对象的 launch()方法启动，参数为 MIME 类型。

TakePicturePreview()方法调用相机拍照，返回 Bitmap 图片。通过调用 ActivityResult-Launcher 对象的 launch()方法启动，参数为 null。

GetMultipleContents()方法返回的 List 集合中数据为所有选中内容的 Uri 路径。Uri 路径以 content 开头，可以通过输入流的形式读取选择的数据，即通过 ContentResolver.open-InputStream(Uri)方法读取所选择的数据。通过调用 ActivityResultLauncher 对象的 launch()方法启动，参数为 MIME 类型。

OpenDocument()方法返回的 Uri 路径开头可能是 file、http 或者 content。通过调用 ActivityResultLauncher 对象的 launch()方法启动，参数为 MIME 类型字符串数组。此方法获取的 Uri 路径可能存在临时权限丢失的问题，因此需要提供一个持久化的 Uri 授权，对应方法是通过 ContentResolver 对象的 takePersistableUriPermission()方法提供一个持久化授权 FLAG_GRANT_READ_URI_PERMISSION 。

```
        getContentResolver().takePersistableUriPermission(uri, Intent.FLAG_
GRANT_READ_ URI_PERMISSION);
```

OpenMultipleDocuments()方法返回的 List 集合中数据为所有打开文件的 Uri 路径。根据文件类型的不同，Uri 路径的开头 Scheme 可能是 file、http 或者 content。通过调用 ActivityResultLauncher 对象的 launch()方法启动，参数为 MIME 类型字符串数组，指定文件类型。

4.15.5 文件读取和保存

文件读取和保存首要条件就是获取文件路径。获取文件路径有两种方法，一种是获取文件的绝对路径；另一种是通过界面选取获得 Uri 路径。

1. 文件的绝对路径

通过文件绝对路径字符串，可直接读取文件，然后通过文件类型对应的方法进行后续操作。

```
/storage/emulated/0/hlg.jpg
/data/user/0/com.example.file/cache/4aa390e3-d61e-4915-53cca7b72.jpg
```

Android 文件绝对路径字符串中/storage/emulated/0/表示外部存储路径，/data/user/0/com.example.file/表示应用程序安装文件夹路径，cache/或 files/表示应用程序安装目录内文件存储目录，最后则是文件名称。

2. 文件的 Uri 路径

文件的 Uri 路径一般通过界面选取获得，需要两个操作，首先打开文件选取界面，然后选取文件并回传文件 Uri 路径。

1）打开文件选取界面

在 onCreate()方法中配置 ActivityResultLauncher 对象，选用 ActivityResultContracts.GetContent()为第一个参数，自动生成回调方法。

通过调用 ActivityResultLauncher 对象的 launch()方法启动，参数为 MIME 类型。

```
        launcher.launch("image/*");
```

2）选取文件并回传文件 Uri 路径

回调方法自动回传所选文件 Uri 路径。

```
        ActivityResultLauncher launcher = registerForActivityResult(new
ActivityResultContracts.GetContent(), new ActivityResultCallback<Uri>() {
        @Override
        public void onActivityResult(Uri result) {        //返回文件 Uri 路径
```

```
                            其他操作代码
        }
    }
```

3. 读取文件

根据文件的绝对路径或文件的 Uri 路径读取文件的方法差别较大。

1）通过文件绝对路径读取文件

通过文件绝对路径读取文件方法是直接实例化 File 对象，参数是绝对路径字符串。

```
File file = new File(/storage/emulated/0/hlg.jpg);
```

2）通过文件 Uri 路径读取文件

通过文件 Uri 路径读取文件方法由于 Android 操作系统的不断升级，不断地变化。Android 11 之后 StorageVolume 对象的 getPath()方法被删除，更新为 getDirectory()方法。

```
@RequiresApi(api = Build.VERSION_CODES.R)
public static File getPath(Context context, Uri uri) throws
ClassNotFoundException, NoSuchMethodException, InvocationTargetException,
IllegalAccessException {
    Flie file= null;
    Class storage = Class.forName("android.os.storage.StorageVolume");
    StorageManager manager = (StorageManager)
                    context.getSystemService(Context.STORAGE_SERVICE);
    Method getVolumeList =manager.getClass().getMethod("getVolumeList");
    StorageVolume[] volumes = (StorageVolume[])
                                    getVolumeList.invoke(manager);
    Method getDirectory = storage.getMethod("getDirectory");
    StorageVolume volume = (StorageVolume) Array.get(volumes,0);
    ContentResolver resolver = context.getContentResolver();
    Cursor cursor = resolver.query(uri,null,null,null,null);
    if (cursor != null) {
        cursor.moveToFirst();
        String name = cursor.getString(0);
        String[] temp = name.split(":");
        String dir = volume.getDirectory().getAbsolutePath();
        String path = dir + "/" + temp[1];
        file = new File(path);
        cursor.close();
    }
    return file;
}
```

4. 保存到应用程序安装目录

将文件保存到应用程序安装目录的保存文件路径只能是调用 getExternalCacheDir()方法、getExternalFilesDir()方法、getCacheDir()方法或 getFilesDir()方法获取的文件路径。保存文件的步骤为：

（1）读取源文件；

（2）获取保存文件路径；

(3) 新建文件完整路径(含名称及后缀);

(4) 保存文件。

```
String dir = getExternalFilesDir().getAbsolutePath();
                       //可用上述四个方法中任意一个
File filedir = new File(dir);
if(!filedir.exists()){
    filedir.mkdir();
}
String filename = UUID.randomUUID() + ".jpg";
File savefile = new File(filedir,filename);
Log.d("-------",file.getAbsolutePath());
try {
    InputStream is = new FileInputStream(file);
    FileOutputStream fos = new FileOutputStream(savefile);
    byte[] buffer = new byte[4096];
    int byteCount = 0;
    while ((byteCount = is.read(buffer)) != -1) {
        fos.write(buffer, 0, byteCount);
    }
    fos.flush();
    fos.close();
} catch (IOException e) {
    e.printStackTrace();
}
```

5. 保存到公共媒体文件夹

将文件保存到公共媒体文件夹的保存文件路径只能调用 MediaStore API 的文件路径。保存文件的步骤为:

(1) 读取源文件;

(2) 定义保存文件的 Uri 属性(ContentValues 类型);

(3) 获取公共媒体文件夹的 Uri 路径;

(4) 调用 ContentResolver 建立保存文件的 Uri(含文件名及后缀);

(5) 保存文件。

```
File file = new File("/storage/emulated/0/hlg.jpg");   //读取源文件
ContentValues values = new ContentValues(); //定义保存文件的 Uri 属性
values.put(MediaStore.Files.FileColumns.DISPLAY_NAME,"hlg.jpg");
values.put(MediaStore.Files.FileColumns.MIME_TYPE,"image/*");
values.put(MediaStore.Files.FileColumns.TITLE,"欢乐谷");
values.put(MediaStore.Files.FileColumns.RELATIVE_PATH,"DCIM/File");
Uri uri = MediaStore.Images.Media.EXTERNAL_CONTENT_URI;
                           //获取公共媒体文件夹 Uri 路径
ContentResolver resolver = getContentResolver();
Uri inuri = resolver.insert(uri,values);   //建立保存文件的 Uri 路径
InputStream isf = null;
```

```
OutputStream osf = null;
try {                                         //保存文件
   isf = new FileInputStream(file);
   osf = resolver.openOutputStream(inuri);
   byte[] buffer = new byte[4096];
   int byteCount = 0;
   while ((byteCount = isf.read(buffer)) != -1) {
       osf.write(buffer, 0, byteCount);
   }
   isf.close();
   osf.close();
} catch (IOException e) {
   e.printStackTrace();
}
```

6. 图片读取和保存

图片读取和保存可以使用图片专用的 Bitmap 对象完成。

1) 读取图片

读取图片调用 BitmapFactory 对象的 decode 系列方法完成。

(1) 如果是绝对路径，调用 BitmapFactory 对象的 decodeFile() 方法完成。

```
Bitmap bitmap = BitmapFactory.decodeFile("/storage/emulated/0/hlg.jpg");
```

(2) 如果是 Uri 路径，调用 BitmapFactory 对象的 decodeStream() 方法完成。

```
InputStream is = getContentResolver().openInputStream(uri);
Bitmap bitmap = BitmapFactory.decodeStream(is);
```

2) 保存图片

保存图片是通过 Bitmap 对象的 compress() 方法将图片添加到输出流 FileOutputStream，然后保存。保存路径可以是应用程序安装目录，即调用 getExternalCacheDir() 方法、getExternalFilesDir() 方法、getCacheDir() 方法或 getFilesDir() 方法获取的文件路径，也可以是公共媒体文件夹路径。

```
String dir = getCacheDir().getAbsolutePath();//可用上述四个方法中任意一个
File filedir = new File(dir);
if(!filedir.exists()){
   filedir.mkdir();
}
String filename = UUID.randomUUID() + ".jpg";   //文件命名
File file = new File(filedir,filename);          //合成完整路径
try {                                            //保存文件
   FileOutputStream fileOutputStream = new FileOutputStream(file);
   bitmap.compress(Bitmap.CompressFormat.JPEG,100,fileOutputStream);
   fileOutputStream.flush();
   fileOutputStream.close();
} catch (IOException e) {
   e.printStackTrace();
}
```

4.16　Notification 通知技术资料

通知(Notification)是指在应用程序界面之外显示的消息，用于向用户提供系统提示、本应用程序中的实时信息或来自其他应用程序的通信信息。用户可以下拉屏幕顶端状态栏查看通知内容、点击通知打开应用程序或直接在通知中执行操作。

Android 操作系统中，通知技术的更新是最频繁的，需经常关注系统更新的说明。

4.16.1　通知显示方式

通知以图标形式显示在屏幕状态栏中，根据通知的优先级有两种不同的显示方式，分别是抽屉式通知和提醒式通知。

1．抽屉式通知

抽屉式通知是用户向下拖动状态栏显示的通知栏中的通知信息。通知较多的时候，用户可以通过上下滑动来查看通知信息。在应用程序或用户关闭通知之前，通知会一直以抽屉式通知方式显示。

2．提醒式通知

提醒式通知是可以短暂显示在浮动窗口中的通知。一般只有通知的优先级为高，同时未锁屏时，提醒式通知才能显示。当前 Android 操作系统默认不开启提醒式通知，如果用户需要提醒式通知，则需要在手机设置中打开提醒式通知选项。

4.16.2　标准通知

标准通知是系统默认的通知。创建和显示标准通知需要以下步骤：(1)定义通知管理器；(2)建立通知渠道；(3)构造通知；(4)生成、显示、更新和关闭通知。

1．定义通知管理器

通知管理器用于对通知渠道的建立和通知的显示、更新和关闭进行管理。通知管理器使用 NotificationManagerCompat 类进行定义。

```
NotificationManagerCompat manager = NotificationManagerCompat.from(this);
```

旧版本 Android 操作系统中通知管理器使用 NotificationManager 类进行定义。

```
NotificationManager manager = (NotificationManager)
        getSystemService(NOTIFICATION_SERVICE);
```

当前两种定义方式均可使用。

2．建立通知渠道

通知渠道用来定义通知的提醒方式，例如灯光、震动、锁屏显示等。通知渠道通过实例化 NotificationChannel 对象进行定义，其构造方法有三个参数，分别是通知渠道 id、渠道名称和等级。

```
NotificationChannel channel = new NotificationChannel("firstNotify",
```

```
                    "测试通知",NotificationManager.IMPORTANCE_HIGH);
            manager.createNotificationChannel(channel);
```

通知渠道 id 指定通知的显示渠道，不同类型的通知使用不同渠道。

渠道名称指定通知渠道名称。

等级指定通知渠道的重要等级，分为高、中、低、最低，具体功能如表 4-34 所示。

通知渠道可设置通知提示的具体方法，例如灯光、震动、勿扰模式等，如表 4-35 所示。

表 4-34　通知重要等级

等级	对应值	功能描述
高	IMPORTANCE_HIGH	发出提示音，并以浮动通知的形式显示
中	IMPORTANCE_DEFAULT	发出提示音
低	IMPORTANCE_LOW	无提示音
最低	IMPORTANCE_MIN	无提示音，且不会在状态栏中显示

表 4-35　通知渠道的常用方法

方法	功能描述
setDescription()	设置渠道描述，用户可见
enableLights()	设置是否启用灯光，可选项：true、false
enableVibration()	设置是否允许震动，可选项：true、false
canBypassDnd()	设置是否绕过请勿打扰模式，可选项：true、false
setLightColor()	设置灯光颜色
setLockscreenVisibility()	设置锁屏时是否显示通知,可选项：Notification.VISIBILITY_PUBLIC、Notification.VISIBILITY_SECRET、Notification.VISIBILITY_PRIVATE

setLockscreenVisibility() 方法设置锁屏时是否显示通知，其中选项 Notification. VISIBILITY_PUBLIC 表示任何情况下都会显示通知；Notification.VISIBILITY_SECRET 表示在没有 pin、password 等安全锁和没有锁屏的情况下才会显示通知；Notification. VISIBILITY_PRIVATE 表示只有在没有锁屏的情况下才会显示通知。

```
            channel.setLockscreenVisibility(Notification.VISIBILITY_PUBLIC);
```

3. 构造通知

构造通知是通过调用 NotificationCompat 类的 Builder(构造器)来完成的。Builder 有两个参数，分别是上下文和通知渠道 id。

Builder 有多个方法构造通知，其中必须调用 setSmallIcon() 方法设置通知小图标，构造通知的常用方法如表 4-36 所示。

表 4-36　构造通知的常用方法

方法	功能描述
setSmallIcon()	设置通知小图标
setColor()	设置通知小图标背景颜色
setContentTitle()	设置通知标题
etContentText()	设置通知文本内容
setLargeIcon()	设置通知文本内容左边大图标

方法	功能描述
setContentintent()	设置点击通知后的操作
setAutoCancel()	设置通知被点击后是否消失,可选项:true、false
setProgress()	设置通知中进度条
setCustomContentView()	设置自定义布局样式的通知,高度 64dp
setCustomBigContentView()	设置自定义布局样式的扩展界面通知,高度 256dp
setGroup()	设置通知组,将同类型的通知放在一起

setSmallicon()方法设置通知小图标(必须设置,否则出错)。

```
setSmallIcon(android.R.drawable.ic_menu_search)
```

setColor()方法设置通知小图标背景颜色。

```
setColor(Color.RED)
```

setContentTitle()方法设置通知标题。

```
setContentTitle("第一条通知")
```

setContentText()方法设置通知文本内容。

```
setContentText("这是第一条测试通知,测试测试测试!!!! ")
```

setLargeIcon()方法设置通知文本内容左边大图标。

```
setLargeIcon(android.R.drawable.ic_menu_search)
```

setContentintent()方法设置点击通知后的操作,参数为 PendingIntent 对象。PendingIntent 对象通过调用 getActivity()、getService()、getBroadcast()等方法初始化。以 getActivity()方法为例,getActivity()方法有四个参数,分别是上下文、请求标识码、Intent 对象、PendingIntent 对象类型。其中 PendingIntent 对象类型常用 FLAG_IMMUTABLE 类型和 FLAG_MUTABLE 类型,其他类型由于安全原因执行时会出现错误提示。FLAG_IMMUTABLE 类型定义 PendingIntent 对象中的 Intent 无法被修改,而 FLAG_MUTABLE 类型定义 PendingIntent 对象中的 Intent 可被修改。

```
Intent intent = new Intent(MainActivity.this,ServiceActivity.class);
pendingIntent = PendingIntent.getActivity(this,0,intent,PendingIntent.
          FLAG_IMMUTABLE);
```

然后在 Builder 中设置 setContentIntent(pendingIntent)。

setAutoCancel()方法设置点击通知后是否自动清除通知,设置为 true 表示点击通知后,通知自动清除。

```
setAutoCancel(true)
```

setGroup()方法设置通知组,将同类型通知放置于组内,可折叠收起。

```
setGroup("test")
```

构造通知示例代码如下。

```
Notification.Builder builder = new Notification.Builder(this,"audio")
                    .setSmallIcon(android.R.drawable.ic_menu_search)
                    .setContentText("这是第一条测试通知，测试测试测试!!!! ")
                    .setBigIconR.mipmap.ic_launcher)
                    .setColor(Color.RED)
                    .setContentIntent(pendingIntent)
                    .setCustomBigContentView(remoteViews)
                    .setAutoCancel(true)
                    .setGroup("test");
```

4. 生成、显示、更新和关闭通知

生成通知通过调用 Notification.Builder 的 build()方法完成。

```
notification = builder.build();
```

显示和更新通知通过调用 NotificationManagerCompat 的 notify()方法完成。notify()方法有两个参数，分别是通知 id 和通知对象。

```
manager.notify(1,notification);
```

关闭通知通过调用 NotificationMaragerCompat 的 cancel()方法完成。cancel()方法有一个参数，即通知 id。

```
manager.cancel()
```

4.16.3 自定义通知

除标准通知之外，开发者还可以根据需求自行定义通知的样式。

自定义通知定义通知管理器，建立通知渠道以及生成、显示和更新通知的操作与标准通知相同，不做赘述。构造自定义通知的步骤是：(1)定义通知样式；(2)定义 RemoteViews 对象；(3)响应布局元素的操作；(4)构造自定义通知。

1. 定义通知样式

自定义通知的样式是通过设计样式文件定义的。样式文件存放于【res】资源目录的【layout】文件夹下，在 RemoteViews 对象中引用。

自定义通知的样式文件与界面布局文件不同，被 RemoteViews 对象引用的样式文件仅支持部分布局元素。自定义通知的样式文件支持的布局容器有线性布局、帧布局、网格布局、相对布局；控件有文本框、按钮、图片按钮、图片框、进度条；集合容器控件有网格控件、列表控件。此外，API 31 中添加支持复选框、单选按钮、单选按钮组以及开关控件 Switch。

尤其注意当前自定义通知的样式文件不支持约束布局。开发者在设计自定义通知的样式文件时，需关注 API 是否有更新。

2. 定义 RemoteViews 对象

RemoteViews 对象通过 new 实例化，其构造方法有两个参数，分别是当前应用程序的包名和自定义通知的样式文件 id。RemoteViews 对象通过调用 set 系列方法给样式文件中

的布局元素赋值。

```
RemoteViews remoteViews = new
                RemoteViews(getPackageName(),R.layout.audioseek);
remoteViews.setTextViewText(R.id.txt_noti_test_title,"测试");
```

3．布局元素响应点击操作

RemoteViews 对象中布局元素响应点击操作需配置 PendingIntent 对象。PendingIntent 对象常用方法有 getActivity()方法、getBroadcast()方法和 getService()方法。getActivity() 方法用于需要 Avtivity 界面响应显示信息的操作的，具体操作在 Activity 中执行；getBroadcast()方法用于需要广播响应更新等动态操作的,具体操作在 BroadcastReceiver 中执行；getService()方法用于需要 Service 响应后台耗时操作时,具体操作在 Service 中执行。所有这些方法都需要 Intent 配置和启动，以 getBroadcast()方法为例。

```
Intent intent = new Intent();
intent.setAction("click");
intent.addFlags(Intent.FLAG_RECEIVER_FOREGROUND);
intent.putExtra("btnFlag", R.id.img_noti_audio_play);
PendingIntent pendingIntent_play = PendingIntent.getBroadcast(this,
                ntent, PendingIntent.FLAG_IMMUTABLE);
remoteViews.setOnClickPendingIntent(R.id.img_noti_audio_play,
                ingIntent_play);
```

4．构造自定义通知

构造自定义通知通过调用NotificationCompat类的 Builder 来完成。Builder 有两个参数，分别是上下文和通知渠道 id。

设置自定义通知样式通过 setCustomContentView()方法或 setCustomBigContentView()方法完成，两个方法的参数为 RemoteViews 对象。两个方法区别在于 setCustomContentView()方法高度限制为64dp，而 setCustomBigContentView()方法高度限制为256dp。因此如果自定义通知样式高度超过64dp，应该选用 setCustomBigContentView()方法构造自定义通知，否则可能出现显示不全的问题。

```
Notification.Builder builder = new Notification.Builder(this,"audio")
                .setSmallIcon(android.R.drawable.ic_menu_search)
                .setCustomBigContentView(remoteViews)
                .setAutoCancel(true);
```

4.17 Android 网络通信技术资料

Android Studio 开发平台包含 HttpsURLConnection 网络通信框架，另外当前主流 Android 网络通信框架还有 OKHttp 和 Retrofit。这些框架传递数据时一般都会使用 JSON(JavaScript Object Notation)格式的字符串。

4.17.1 JSON

JSON 是一种轻量级的数据交换格式，它基于 ECMAScript（欧洲计算机协会制定的 js 规范）的一个子集，采用完全独立于编程语言的文本格式来存储和表示数据，易于人的编写和阅读，也易于机器解析。

1. JSON 基本结构

JSON 基本结构是一个无序键值对的集合，以"{"开始，以"}"结束，键值对之间以","相隔。

```
{ "key1" : 1, "key2" : "string"}
```

数据对象以键值对的形式出现，键与值之间以冒号"："相隔。键以 String 类型为主，而值的类型包括 String、Number、Boolean、Null、Object 和 Array。

数组以"["开始，以"]"结束。数组内的值之间使用","分隔。例如：[3, 1, 4, 1, 5, 9, 2, 6]。

数据对象和数组可以嵌套。

2. 常用 JSON 解析工具

用于解析 JSON 的工具很多，常用的有 JSON-lib 和 GSON。

1）JSON-lib

JSON-lib 需要 7 个依赖包，例如 json-lib-2.2.3-jdk15.jar 需要如下依赖包：commons-beanutils-1.7.0.jar、commons-collections.jar、commons-collections-3.2.jar、commons-lang-2.4.jar、commons-httpclient-3.0.1.jar、commons-lang-2.4.jar、commons-logging-1.0.4.jar、ezmorph-1.0.3.jar。这些依赖包的版本需要自己去配比。

2）GSON

GSON 是 Google 公司出品的 JSON 解析工具，可在官方网站下载后导入应用程序，也可通过 Android Studio 平台自动添加依赖包。本书使用 GSON 作为 JSON 解析工具。

在 Build.gradle 文件中配置 dependencies 项。

```
implementation 'com.google.code.gson:gson:2.9.0'
```

4.17.2 HttpsURLConnection

HttpsURLConnection 网络通信框架继承于 URLConnection，底层使用最原始的 Socket 通信机制。使用 HttpURLConnection 最大的优点是不需要引入额外的依赖。由于 HttpsURLConnection 封装较少，因此使用时代码比较烦琐。

使用 HttpsURLConnection 进行网络通信时一般需要以下步骤：

（1）配置 HttpsURLConnection 基本参数；

（2）与服务器建立连接；

（3）向服务器发送请求；

（4）接收服务器返回的结果；

（5）关闭连接。

通过以上步骤完成 Android 端与服务端的网络信息传递。

1．配置 HttpsURLConnection 基本参数

HttpsURLConnection 基本参数包括连接服务器地址、请求发送方式、请求数据类型、缓存设置、连接超时设置等内容，保证连接的正常使用。

```
URL url = new URL(path);
HttpURLConnection httpURLConnection = (HttpURLConnection)
                              url.openConnection();
httpURLConnection.setDoOutput(true);
httpURLConnection.setDoInput(true);
httpURLConnection.setRequestMethod("POST");
httpURLConnection.setDefaultUseCaches(false);
httpURLConnection.setInstanceFollowRedirects(true);
httpURLConnection.setRequestProperty("Content-Type","application/
                              x-www-form-urlencoded");
```

2．与服务器建立连接

根据 HttpsURLConnection 的基本参数，调用 connect()方法连接服务器。

```
httpURLConnection.connect();
```

3．向服务器发送请求

向服务器发送请求先调用 getOutputStream()方法定义 OutputStream 对象，然后调用 OutputStream 对象的 write()方法完成发送请求操作。OutputStream 对象的 write()方法参数是字节数组。由于发送请求数据中常包含 Array、Object 或 Set 类型的数据转换成的字符串数组，操作比较复杂，因此常转换为 BufferedWriter 对象的 write()方法，其参数为 String 类型，可以采用 JSON 格式传递数据。发送数据时带网络参数形式发送。

```
String str = "direct=" + direct;
if(null != data){
  str = str + "&dataParam=" + gson.toJson(data);
 }
OutputStream os =httpURLConnection.getOutputStream();
BufferedWriter bufferedWriter = new BufferedWriter(new
                  OutputStreamWriter(os));
bufferedWriter.write(str);   //写入参数
bufferedWriter.flush();
bufferedWriter.close();
```

4．接收服务器返回的结果

接收服务器返回的结果首先调用 getInputStream()方法定义 InputStream 对象接收服务器返回的数据，然后将 InputStream 对象转换为 BufferedReader 对象，通过 BufferedReader 对象将返回数据转换为字符串形式。

一般服务器返回的结果会转换成 JSON 格式的字符串，可以将返回结果再转换成原数

据类型，例如 Object、Set 等。

```
InputStream is = httpURLConnection.getInputStream();
InputStreamReader in = new InputStreamReader(is);
StringBuilder stringBuilder = new StringBuilder();
String line;
BufferedReader bufferedReader = new BufferedReader(new InputStreamReader(is));
while ((line = bufferedReader.readLine()) != null) {
    stringBuilder.append(line);
}
reqStr = stringBuilder.toString();
List<Trip> list = gson.fromJson(reqStr,new TypeToken<List<Trip>>(){}.getType());
```

5．关闭连接

所有任务完成后，务必关闭连接，释放相关资源。

```
httpURLConnection.disconnect()
```

6．添加数据

对照服务器端的处理添加数据的方法，发送请求事务类型为 insert，发送请求事务内容为 Trip 对象。返回值为整型。

```
public int insert(Trip trip){
    String insflag = connect(path,"insert",trip);
    int flag = gson.fromJson(insflag,Integer.class);
    return flag;
}
```

7．删除数据

对照服务器端的处理删除数据的方法，发送请求事务类型为 delete，发送请求事务内容为 id。返回值为整型。

```
public int delete(int id){
    String delflag = connect(path,"delete",id);
    int flag = gson.fromJson(delflag,Integer.class);
    return flag;
}
```

8．修改数据

对照服务器端的处理修改数据的方法，发送请求事务类型为 update，发送请求事务内容为 Trip 对象。返回值为整型。

```
public int update(Trip trip){
    String updflag = connect(path,"update",trip);
    int flag = gson.fromJson(updflag,Integer.class);
    return flag;
}
```

9. 查询数据

对照服务器端的处理查询数据的方法，发送请求事务类型为 query，不需要发送请求
事务内容。返回值为 List 类型。

```java
public List<Trip> queryAll(){
    List<Trip> list = new ArrayList<Trip>();
    String queryStr = connect(path,"query",null);
    list = gson.fromJson(queryStr,new TypeToken<List<Trip>>(){}.getType());
    return list;
}
```

10. 服务器端代码

后台服务器端代码，以 Java Servlet 为例，在 post() 方法中。

```java
String getstr = request.getParameter("direct");          //接收请求事务类型
String getDataParam = request.getParameter("dataParam");//接收请求事务内容
TripDao tripDao = new TripDao();                         //后台数据库操作类
String jsonstr = "0";
Gson gson = new Gson();
switch(getstr){
    case "query":
        List<Trip> list = new ArrayList<Trip>();
        list = tripDao.queryAll();                       //向数据库查询数据
        jsonstr = gson.toJson(list);
        break;
    case "insert":
        Trip insTrip = gson.fromJson(getDataParam, Trip.class);
        List<FileUpload> fileList = gson.fromJson(getFileParam, new
                           TypeToken<List<FileUpload>>(){}.getType());
        int insflag = tripDao.insert(insTrip);           //向数据库添加数据
        jsonstr = gson.toJson(insflag);
        break;
    case "update":
        Trip updTrip = gson.fromJson(getDataParam, Trip.class);
        List<FileUpload> ufileList = gson.fromJson(getFileParam, new
                           TypeToken<List<FileUpload>>(){}.getType());
        int updflag = tripDao.update(updTrip);           //向数据库修改数据
        jsonstr = gson.toJson(updflag);
        break;
    case "delete":
        int id = gson.fromJson(getDataParam,Integer.class);
        List<Trip> delList = tripDao.queryById(id);
        int delflag = tripDao.delete(id);                //向数据库删除数据
        jsonstr = gson.toJson(delflag);
        break;
}
PrintWriter writer = response.getWriter();
```

```
writer.println(jsonstr);
writer.flush();                                    //发布请求处理结果信息
writer.close();
```

4.17.3 OkHttp

OkHttp 是当前主流的 Android 网络通信框架，由 Square 公司设计研发并开源。OkHttp 是非常高效的网络通信框架，支持 HTTP/2、连接池、缓存及 GZIP 压缩。另外如果目标服务器存在多 IP 地址，在连接失败时 OkHttp 会自动转换 IP 地址进行连接。OkHttp 支持同步和异步操作。

OkHttp 主要有三个类，分别是 Request、Call 和 Response。

OkHttp 进行网络通信时一般需要以下步骤：

（1）初始化 OkHttp，定义网络参数；

（2）创建 Request 对象，定义发送数据对象和值；

（3）创建 Call 对象，确定使用同步或异步方法；

（4）创建 Response 对象，接收返回值。

1．初始化 OkHttp

初始化 OkHttp 有两种方法，分别是使用 OkHttpClient 对象和使用 OkHttpClient.Builder 对象。使用 OkHttpClient 对象初始化 OkHttp 是通过实例化 OkHttpClient 对象完成的。使用 OkHttpClient.Builder 对象初始化 OkHttp 是通过实例化 OkHttpClient.Builder 对象后，再调用 build()方法完成的。初始化 OkHttp 时可以设置网络连接超时时限、代理、缓存和拦截器等内容。

```
OkHttpClient.Builder builder = new OkHttpClient.Builder();
builder.connectTimeout(10000, TimeUnit.MILLISECONDS)
    .proxySelector(ProxySelector.getDefault())
    .connectionPool(new ConnectionPool())
    .build();
```

2．创建 Request 对象

创建 Request 对象需要设置 Url、method、headers、body 以及 tag 的内容。其中 Url 是目标服务器的网络地址；method 是发送请求的方式，常见的包括 GET、POST、HEAD、DELETE 和 PUT 传输方式；headers 是协议的表头或标记，常见的有 Content-Type:text/html 和 charset=utf-8；body 是 POST 传输方式下，传输数据的内容。

body 有三种类型：RequestBody、FormBody 和 MultipartBody。

1）RequestBody

RequestBody 用于传输 JSON 字符串。

```
RequestBody filebody = RequestBody.create(jsonStr, JSON);
Request request = new Request.Builder().url(url).post(filebody).build();
```

对应服务器端 Servlet 中通过 request.getInputStream()方法接收数据。

2）FormBody

FormBody 用于提交键值对。

```
FormBody.Builder bodyBuild = new FormBody.Builder();
bodyBuild.add("direct","query");
bodyBuild.add("dataParam",json);
RequestBody body = bodyBuild.build();
Request request = new Request.Builder().url(url).post(body).build();
```

对应服务器端 Servlet 中通过 request.getParameter() 方法接收数据。

3）MultipartBody

MultipartBody 用于文件上传。

```
File file = new File("/storage/emulated/0/hlg.jpg");
MultipartBody multipartBody = new MultipartBody.Builder()
        setType(MultipartBody.FORM)
        .addFormDataPart("dir","img")
        .addFormDataPart("image","hlg.jpg",RequestBody.create(file,
                                    MediaType.parse("image/*")))
        .build();
Request.Builder builder = new Request.Builder();
Request request = builder.url(url).post(multipartBody).build();
```

对应服务器端 Servlet 中通过 DiskFileItemFactory 对象、ServletFileUpload 对象以及 ServletRequestContext 对象接收，接收方法如下。

```
DiskFileItemFactory factory = new DiskFileItemFactory(10*1024*1024,new
                                    File("E:/temp"));
ServletFileUpload sfu = new ServletFileUpload(factory);
List<FileItem> fileItemList = sfu.parseRequest(new ServletRequestContext
                (request));
```

3. 创建 Call 对象

创建 Call 对象调用 OkHttpClient 对象的 newCall() 方法，参数是 Request 对象。

```
Call call = client.newCall(request) ;
```

Call 对象的执行方法决定使用同步或异步方法。

调用 Call 对象的 execute() 方法是使用同步方法。

```
call.execute();
```

调用 Call 对象的 enqueue() 方法是使用异步方法。enqueue() 方法的参数是 Callback 对象。

```
call.enqueue(new Callback() {
  @Override
  public void onFailure(@NonNull Call call, @NonNull IOException e) {
  }
  @Override
  public void onResponse(@NonNull Call call, @NonNull Response
                    response) throws IOException {
```

```
        }
    });
```

4．创建 Response 对象

Call 对象执行后返回的是 Response 对象。

```
Response response = call.execute();
```

从 Response 对象中取出服务器端返回值是调用 body()方法完成的，并通过调用 string()
方法将返回值转换为 String 类型。

```
String serverstr = response.body().string();
```

4.17.4　Retrofit

Retrofit 是一个 HTTP 网络请求框架的封装。底层网络请求工作由 OkHttp 完成，Retrofit
负责网络请求接口的封装。

Retrofit 使用比 OkHttp 更加简洁，同时支持 RxJava。

Retrofit 进行网络通信时一般需要以下步骤：

(1)初始化 Retrofit，定义网络参数；

(2)配置网络请求；

(3)创建 Request 对象，定义发送数据对象和值；

(4)创建 Call 对象，执行操作；

(5)创建 Response 对象，接收返回值。

1．初始化 Retrofit

初始化 Retrofit 是通过调用 Retrofit.Builder 对象的相关方法完成的。常见方法有
baseUrl()方法、addConverterFactory()方法和 addCallAdapterFactory()方法。

baseUrl()方法用于配置目标服务器网络地址，注意地址必须以反斜杠"/"结束。

addConverterFactory()方法用于配置数据解析器，一般推荐 GSON。

addCallAdapterFactory()方法用于配置网络请求适配器，一般推荐 RxJava。

```
Retrofit retrofit = new Retrofit.Builder()
            .baseUrl(url)
            .addConverterFactory(GsonConverterFactory.create())
            .addCallAdapterFactory(RxJavaCallAdapterFactory.create())
            .build();
```

2．配置网络请求

配置网络请求是通过自定义接口实现的。接口中定义了网络请求方法、服务器内部路
径、标记和网络请求参数。

新建一个接口文件。

```
public interface Retrofit_Post_Interface {
    @POST("TestFileServlet")          //对应的服务器接收界面和参数
    @Multipart                        //单文件
```

```
    Call<ResponseBody> upload(@Part MultipartBody.Part file);
    }
```

1）网络请求方法

网络请求方法有八种，分别是@GET、@POST、@PUT、@DELETE、@PATH、@HEAD、@OPTIONS 和@HTTP。

网络请求方法需要加载服务器的内部路径作为参数。

服务器的完整路径为 baseUrl()方法配置的目标服务器网络地址加上服务器内部路径。

> baseUrl()方法配置的目标服务器网络地址为 http://192.168.0.103:8080/TripServer/
> 服务器内部路径参数为 TestFileServlet
> 服务器完整路径为 http://192.168.0.103:8080/TripServer/TestFileServlet

2）标记

网络请求有三种标记：@FormUrlEncoded、@Multipart 和@Streaming。

@FormUrlEncoded 标记指请求体是一个 Form 表单，发送 form-encoded 的数据，数据是键值对形式的，用@Filed 注解键名，后面的对象提供值。

@Multipart 标记指请求体是一个支持文件上传的 Form 表单（用于有文件上传场景），发送 form-encoded 的数据，数据是键值对形式的，用@Part 注解键名，后面的对象提供值（文件）。

@Streaming 标记标识返回数据以流的形式返回（用于返回数据较大的场景）。用@Url注解键名，后面的对象提供下载数据的网络地址。默认情况下 Retrofit 会将服务器端返回的 Response 全部写入内存，如果返回数据很大，会出现内存溢出的问题。@Streaming 标记可以实时将返回的数据写入磁盘，不用将所有数据读入内存。

3）网络请求参数

网络请求参数指定写入的数据内容。具体的网络请求参数和对应的功能如表 4-37 所示。

表 4-37　网络请求参数功能说明

网络请求参数	功能描述
@Headers	添加请求头
@Header	添加不固定的请求头
@Body	用于非表单请求体以@POST 方法传递自定义数据类型
@Field	用于表单请求体以@POST 方法传递键值对。与@FormUrlEncoded 标记配合使用
@FieldMap	用于表单请求体以@POST 方法传递多个键值对，数据类型为 Map。与@FormUrlEncoded 标记配合使用
@Part	用于表单请求体以@POST 方法传递键值对、数据流或文件。与@Multipart 标记配合使用
@PartMap	用于表单请求体以@POST 方法传递多个键值对、数据流或文件，数据类型为 Map。与@Multipart 标记配合使用
@Query	用于表单请求体以@GET 方法查询参数
@QueryMap	用于表单请求体以@GET 方法查询多个参数
@Path	用于表单请求体以@GET 方法传递 Url 的缺省值
@Url	用于表单请求体以@GET 方法传递 Url

根据需求使用上表中网络请求参数进行组合，配置网络请求接口。

3．创建 Request 对象

通过实例化 Retrofit 创建 Request 对象，然后配置网络请求参数对应的数据类型。
网络请求参数配置@Part MultipartBody.Part file，对应需要定义 MultipartBody.Part 对象。

```
MultipartBody.Part part = MultipartBody.Part.createFormData
        ("imgfile","hlg.jpg",RequestBody.create(file, MediaType.
        parse("image/*")));
```

4．创建 Call 对象

创建 Call 对象调用 Retrofit 中定义的方法。

```
Call<ResponseBody> call = request.upload(part);
```

5．创建 Response 对象

Call 对象执行后返回的是 Response 对象。

```
Response response = call.execute()
```

从 Response 对象中取出服务器端返回值是调用 body()方法完成的，并通过调用 string()
方法将返回值转换为 String 类型。

```
String serverstr = response.body().string();
```

模块二　界面设计与控制模块

 本模块内容

1. 首界面布局与控制
2. 美食模块界面布局与控制
3. 社团模块界面布局与控制
4. 院系模块界面布局与控制

 学习目标

1. 掌握普通控件的属性与操作
2. 掌握网格控件的属性与操作
3. 掌握列表控件的属性与操作
4. 掌握 RecyclerView 控件的属性与操作
5. 掌握 Fragment 的属性与操作
6. 掌握标签控件与 ViewPager2 控件的联合操作

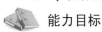 **能力目标**

1. 能使用普通控件设计和控制界面
2. 能使用网格控件、列表控件显示集合类数据
3. 能使用 RecyclerView 控件多种显示模式显示集合类数据
4. 能使用帧布局和 Fragment 设计界面布局(顶栏、侧栏、底栏)
5. 能使用 Fagment、标签控件与 ViewPager2 控件显示滑动界面

第 5 章

显示界面设计与控制

本章设计和建立案例应用程序的所有显示界面。如开发者没有学习数据与文件管理模块，也没有建立案例数据库或数据服务器，请使用预置的案例数据（List 类型）；如开发者已经学习数据管理模块建立案例数据库，请直接调用数据库样本数据。

5.1 任务 1：首界面

任务目标	设计和建立应用程序首界面		
任务难度	★★		
步骤序号	内容	问题	解决方法
1	设计首界面布局		
2	六模块入口控制		
3	登录和注册入口控制		
开始时间		完成情况	
结束时间		完成人	

5.1.1 设计首界面布局

资料	章节	引导问题
布局文件	4.2.1	如何准确找到界面的布局文件
界面布局	4.2.3	界面使用哪种类型的布局容器 布局元素如何定位设计 布局元素属性如何调整？例如：高度、宽度、背景
约束布局	4.3.1	约束布局中如何定位布局元素
文本框	4.4.1	文本框 id 前缀是什么 如何调整文本框其他属性？例如：显示文字、文字大小等
按钮	4.4.4	按钮 id 前缀是什么 如何调整按钮的其他属性？例如：显示文字、文字大小、背景等

应用程序首界面有六个模块的入口布局元素、登录和注册入口布局元素。设计的方法很多，例如使用六个文本框、六个图片框或六个按钮代表六个模块的入口。登录和注册入口也可以使用文本框、图片框或按钮。以使用六个按钮代表六个模块入口，登录和注册入口使用文本框为例。

背景使用图片时，需要预先将图片复制到资源目录【res】的【drawable】文件夹下。

布局文件位置、背景图片位置以及首界面布局设计如图 5-1 所示。

图 5-1　首界面布局文件位置、背景图片位置以及界面布局设计示意图

首界面布局采用约束布局，并设置了背景图片。布局容器中有文本框和按钮两类控件，文本框设置 id、显示文字、文字大小和文字颜色。按钮设置 id、显示文字、文字大小和背景颜色，背景颜色可以直接用 6 位 16 进制数指定，也可引用 colors.xml 文件中预设置的颜色。首界面布局文件代码如下，请填写空白处。

```
<androidx.constraintlayout.widget.ConstraintLayout
    xmlns:android="http://schemas.android.com/apk/res/android"
    xmlns:app="http://schemas.android.com/apk/res-auto"
    xmlns:tools="http://schemas.android.com/tools"
    android:layout_width="match_parent"
    android:layout_height="match_parent"
    android:background="@drawable/bg"              //添加布局容器背景图片
    tools:context=".MainActivity">
<TextView
    android:id="@+id/textView"
    android:layout_width="wrap_content"
    android:layout_height="wrap_content"
    android:layout_marginTop="50dp"
    android:text="湖交新生校园助手"                   //添加显示文字
    android:textColor="@color/black"               //设置文字颜色
    android:textSize="40sp"                        //设置文字大小
```

```
            app:layout_constraintEnd_toEndOf="parent"
            app:layout_constraintStart_toStartOf="parent"
            app:layout_constraintTop_toTopOf="parent" />
    <Button
            android:id="@+id/btn_freshman"
            android:layout_width="250dp"
            android:layout_height="wrap_content"
            android:background="#F48A37"           //设置背景颜色
            android:text="新生指南"                  //设置显示文字
            android:textSize="25sp"                //设置文字大小
            app:layout_constraintBottom_toTopOf="@+id/btn_cates"
            app:layout_constraintEnd_toEndOf="parent"
            app:layout_constraintHorizontal_bias="0.5"
            app:layout_constraintStart_toStartOf="parent"
            app:layout_constraintTop_toBottomOf="@+id/textView"
            app:layout_constraintVertical_chainStyle="spread" />
    <Button
            android:id="@+id/btn_cates"
            android:layout_width="250dp"
            android:layout_height="wrap_content"
            android:background="_____"
            android:text="_____"
            android:textSize="_____"
            app:layout_constraintBottom_toTopOf="@+id/btn_clubs"
            app:layout_constraintEnd_toEndOf="@+id/btn_freshman"
            app:layout_constraintHorizontal_bias="0.5"
            app:layout_constraintStart_toStartOf="@+id/btn_freshman"
            app:layout_constraintTop_toBottomOf="@+id/btn_freshman" />
    <Button
            android:id="@+id/btn_clubs"
            android:layout_width="250dp"
            android:layout_height="wrap_content"
            android:background="_____"
            android:text="_____"
            android:textSize="_____"
            app:layout_constraintBottom_toTopOf="@+id/btn_departments"
            app:layout_constraintEnd_toEndOf="@+id/btn_cates"
            app:layout_constraintHorizontal_bias="0.5"
            app:layout_constraintStart_toStartOf="@+id/btn_cates"
            app:layout_constraintTop_toBottomOf="@+id/btn_cates" />
    <Button
            android:id="@+id/btn_departments"
            android:layout_width="250dp"
```

```xml
        android:layout_height="wrap_content"
        android:background="_____"
        android:text="_____"
        android:textSize="_____"
        app:layout_constraintBottom_toTopOf="@+id/btn_trips"
        app:layout_constraintEnd_toEndOf="@+id/btn_clubs"
        app:layout_constraintHorizontal_bias="0.5"
        app:layout_constraintStart_toStartOf="@+id/btn_clubs"
        app:layout_constraintTop_toBottomOf="@+id/btn_clubs" />
    <Button
        android:id="@+id/btn_trips"
        android:layout_width="250dp"
        android:layout_height="wrap_content"
        android:background="_____"
        android:text="_____"
        android:textSize="_____"
        app:layout_constraintBottom_toTopOf="@+id/btn_study"
        app:layout_constraintEnd_toEndOf="@+id/btn_departments"
        app:layout_constraintHorizontal_bias="0.5"
        app:layout_constraintStart_toStartOf="@+id/btn_departments"
        app:layout_constraintTop_toBottomOf="@+id/btn_departments"/>
    <Button
        android:id="@+id/btn_study"
        android:layout_width="250dp"
        android:layout_height="wrap_content"
        android:background="_____"
        android:text="_____"
        android:textSize="_____"
        app:layout_constraintBottom_toBottomOf="parent"
        app:layout_constraintEnd_toEndOf="@+id/btn_trips"
        app:layout_constraintHorizontal_bias="0.5"
        app:layout_constraintStart_toStartOf="@+id/btn_trips"
        app:layout_constraintTop_toBottomOf="@+id/btn_trips" />

<TextView
        android:id="@+id/txt_main_login"
        android:layout_width="wrap_content"
        android:layout_height="wrap_content"
        android:layout_marginEnd="8dp"
        android:text="_____"
        android:textColor="_____"
        android:textSize="_____"
        app:layout_constraintEnd_toStartOf="@+id/ txt_main_reg "
```

```
            app:layout_constraintTop_toTopOf="@+id/ txt_main_reg " />
<TextView
        android:id="@+id/txt_main_reg"
        android:layout_width="wrap_content"
        android:layout_height="wrap_content"
        android:layout_marginTop="10dp"
        android:layout_marginEnd="32dp"
        android:layout_marginRight="32dp"
        android:text="_____"
        android:textColor="_____"
        android:textSize="_____"
        app:layout_constraintEnd_toEndOf="parent"
        app:layout_constraintTop_toTopOf="parent"/>
</androidx.constraintlayout.widget.ConstraintLayout>
```

5.1.2 六模块入口控制

资料	章节	引导问题
按钮常用控制操作	4.4.4	如何绑定按钮 响应点击调用什么方法
新建 Activity	4.1.3	新建哪些 Activity，作用是什么
启动 Activity	4.12.6	如何切换界面

模块入口使用的是按钮。进行控制操作前，开发者需要定义按钮控件变量，一般使用私有全局变量，并与按钮绑定。

按钮绑定操作调用 Activity 的 findViewById()方法，参数是按钮在 R 文件中的 id 编号，id 名称为布局文件中按钮 id 名称。例如 R.id.btn_freshman。

按钮响应点击操作调用按钮的 setOnClickListener()方法，参数可以是匿名内部类或内部类，此处前三个按钮使用匿名内部类，后三个按钮使用内部类。由于按钮点击操作会切换界面到对应模块的主界面，因此需要新建对应模块的主界面。

首界面控制文件代码如下，请填写空白处。

```
public class MainActivity extends AppCompatActivity {
    private Button btn_freshman,btn_cates,btn_clubs,
                            btn_departments,btn_trips,btn_study;
    @Override
    protected void onCreate(Bundle savedInstanceState) {
        super.onCreate(savedInstanceState);
        setContentView(R.layout.activity_main);
        btn_freshman = findViewById(R.id.btn_freshman);
        btn_cates = findViewById(_____);
        btn_clubs = findViewById(_____);
        btn_departments = findViewById(_____);
```

```
                btn_trips = findViewById(_____);
                btn_study = findViewById(_____);
        btn_freshman.setOnClickListener(new View.OnClickListener() {
                @Override
                public void onClick(View view) {
                    Intent intent = new Intent(MainActivity.this, Freshman
Activity.class);
                    startActivity(intent);
                }
            });
                btn_cates.setOnClickListener(new View.OnClickListener() {
                @Override
                public void onClick(View view) {
                    Intent intent = new Intent(_____ , _____);
                    startActivity(intent);
                }
            });
                btn_clubs.setOnClickListener(new View.OnClickListener() {
                @Override
                public void onClick(View view) {
                    Intent intent = new Intent(_____ , _____);
                    startActivity(intent);
                }
            });
            btn_departments.setOnClickListener(new Click());
            btn_trips.setOnClickListener(new Click());
            btn_study.setOnClickListener(new Click());
        }
        private class Click implements View.OnClickListener {
            @Override
            public void onClick(View view) {
                switch (view.getId()){
                    case R.id.btn_departments:
                        Intent intent = new Intent(_____ , _____);
                        startActivity(intent);
                        break;
                    case _____:
                        Intent intent2 = new Intent(_____ , _____);
                        startActivity(intent2);
                        break;
                    case _____:
                        Intent intent3 = new Intent(_____ , _____);
                        startActivity(intent3);
                        break;
                }
            }
        }
    }
```

5.1.3 登录和注册入口控制

资料	章节	引导问题
文本框常用控制操作	4.4.1	如何绑定文本框 文本框能响应点击操作吗? 如果能, 调用什么方法
新建 Activity	4.1.3	新建 Activity 作用是什么
启动 Activity	4.12.6	如何切换界面

登录和注册入口使用的是文本框。进行控制操作前,开发者需要定义文本框变量,一般使用私有全局变量,并与文本框绑定。

文本框绑定操作调用 Activity 的 findViewById()方法,参数是文本框在 R 文件中的 id 编号,id 名称为布局文件中文本框 id 名称。例如 R.id.txt_main_login。

文本框响应点击操作调用文本框的 setOnClickListener()方法,参数可以是匿名内部类或内部类,此处使用匿名内部类。

由于文本框点击操作会切换界面到对应的登录和注册界面,因此需要新建对应的登录和注册界面。

定义文本框变量代码如下。

```
private TextView txt_main_login,txt_main_reg;
```

文本框绑定操作代码如下, 请填写空白处。

```
txt_main_login = findViewById(R.id.txt_main_login);
txt_main_reg = findViewById(_____);
```

文本框响应点击操作代码如下,请填写空白处。

```
txt_main_login.setOnClickListener(new View.OnClickListener() {
    @Override
    public void onClick(View v) {
        Intent intent = new Intent(MainActivity.this,LoginActivity.
class);
        startActivity(intent);
    }
});
txt_main_reg.setOnClickListener(new View.OnClickListener() {
    @Override
    public void onClick(View v) {
        Intent intent = new Intent(_____ , _____);
        startActivity(intent);
    }
});
```

请考虑,上述代码应该放置于 MainActivity 控制文件中的什么位置?

应用程序首界面运行效果如图 5-2 所示。

图 5-2　应用程序首界面运行效果

5.2　任务 2：美食模块主界面

任务目标	设计和建立应用程序美食模块主界面		
任务难度	★★★		
步骤序号	内容	问题	解决方法
1	设计美食模块主界面布局		
2	美食显示		
3	分类下拉框		
4	美食按名称搜索		
开始时间		完成情况	
结束时间		完成人	

5.2.1　设计美食模块主界面布局

资料	章节	引导问题
网格控件	4.4.11	网格控件 id 前缀是什么 如何设置网格控件其他属性？例如：列数，每列宽度等
下拉框	4.4.10	下拉框 id 前缀是什么 如何设置下拉框的内容 如何设置下拉框显示模式？例如：下拉式还是弹出式等
输入框	4.4.3	如何设置输入框输入类型
图片按钮	4.4.5	如何设置图片按钮的显示图片

美食模块主界面使用网格控件显示所有美食，使用下拉框选择分类显示美食以及使用输入框和按钮按名称搜索美食。

美食模块主界面布局设计如图 5-3 所示。

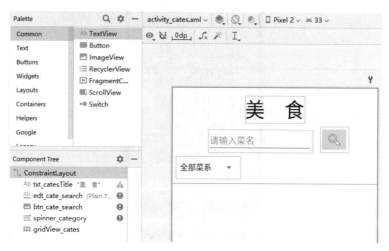

图 5-3　美食模块主界面布局设计示意图

美食模块主界面采用约束布局。布局容器中有文本框、输入框、图片按钮、下拉框和网格控件等类型的控件。下拉框设置 id、下拉框数据源及显示模式。网格控件设置 id、列数。文本框设置显示文字、文字大小和文字颜色。图片按钮设置 id、显示图片。输入框设置 id、提示语和输入类型。美食模块主界面布局文件代码如下，请填写空白处。

```
<androidx.constraintlayout.widget.ConstraintLayout
            布局引用及配置为自动生成代码，省略
    tools:context=".CatesActivity">
<!--以下代码只提供 id 和部分文字显示代码 -->
<TextView
    android:id="@+id/txt_catesTitle"
    android:text="美    食"
    _____ />    <!--请添加其他属性配置-->
<EditText
    android:id="@+id/edt_cate_search"
    android:hint="_____"
    android:inputType="_____"
    _____ />    <!--请添加其他属性配置-->
<ImageButton
    android:id="@+id/btn_cate_search"
    _____ />    <!--请添加其他属性配置-->
<Spinner
    android:id="@+id/spinner_category"
    android:entries="_____"
    _____ />    <!--请添加其他属性配置-->
<GridView
    android:id="@+id/gridView_cates"
```

```
            android:horizontalSpacing="10sp"
            android:numColumns="_____"
            android:stretchMode="columnWidth"
            android:verticalSpacing="_____"
    _____ />    <!--请添加其他属性配置-->
</androidx.constraintlayout.widget.ConstraintLayout>
```

5.2.2　美食显示

资料	章节	引导问题
样式文件	4.2.2	如何调用样式文件
网格控件常用控制操作	4.4.11	网格控件条目响应点击调用什么方法
配置数据适配器	4.4.11	简单数据适配器怎么配置
显示网格控件内容	4.4.11	如何显示网格控件内容

使用网格控件显示美食。进行控制操作前，开发者需要定义网格控件变量，一般使用私有全局变量，并与网格控件绑定。

网格控件需要数据适配器，美食模块主界面中网格控件选用简单数据适配器。

网格控件需要定义每个条目显示的样式文件，名称为 item_cates_grid。此样式采用约束布局。布局容器中有文本框、图片按钮。文本框设置 id、显示文字、文字大小和文字颜色。图片按钮设置 id、高度、宽度和显示图片。样式文件布局设计如图 5-4 所示。

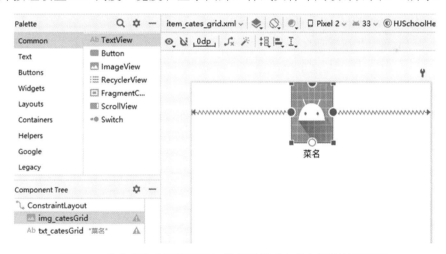

图 5-4　美食模块主界面网格控件条目样式文件布局设计示意图

样式文件代码如下，请填写空白处。

```
<androidx.constraintlayout.widget.ConstraintLayout
        布局引用及配置为自动生成代码，省略
    >
    <ImageView
        android:id="@+id/img_catesGrid"
    _____ />    <!--请添加其他属性配置-->
```

```
<TextView
    android:id="@+id/txt_catesGrid"
    android:text="菜名"
    _____ />    <!--请添加其他属性配置-->
</androidx.constraintlayout.widget.ConstraintLayout>
```

数据源可使用模拟数据、数据库数据或服务器数据。美食模块主界面控制文件代码如下，请填写空白处。

```
public class CatesActivity extends AppCompatActivity {
    _____//定义布局元素变量
    private SimpleAdapter simpleAdapter;
    private List<Map<String,Object>> catesList;
    private CatesData catesData = new CatesData();
    @Override
    protected void onCreate(Bundle savedInstanceState) {
        super.onCreate(savedInstanceState);
        setContentView(R.layout.activity_cates);
        _____//注册绑定布局元素
        // 为数据源设置数据适配器
        catesList = catesData.getData();
        simpleAdapter = new SimpleAdapter(___ , ____ , ____ ,____ ,
____});
        gridView.setAdapter(simpleAdapter);
        //条目点击事件处理
        gridView.setOnItemClickListener(new AdapterView.OnItemClick
Listener() {
            @Override
            public void onItemClick(AdapterView<?> parent, View view, int
position, long id) {
                Intent intent = new Intent(CatesActivity.this,Cate
DetailActivity.class);
                Bundle bundle = new Bundle();
                bundle.putSerializable("cate", (Serializable) cates
List.get(position));
                intent.putExtras(bundle);
                startActivity(intent);
            }
        });
    }
}
```

5.2.3　分类下拉框

资料	章节	引导问题
下拉框常用控制操作	4.4.10	下拉框条目响应点击调用什么方法

进行下拉框控制操作前，开发者需要定义下拉框变量，一般使用私有全局变量，并与下拉框绑定。

下拉框响应点击操作调用下拉框的 setOnItemSelectedListener()方法，参数可以是匿名内部类或内部类，此处使用匿名内部类。下拉框取值有四种方法，请任选一个。下拉框响应点击操作控制文件代码如下，请填写空白处。

```
spinner_category.setOnItemSelectedListener(new
AdapterView.OnItemSelectedListener() {
        @Override
        public void onItemSelected(AdapterView<?> parent, View view, int
position, long id) {
                if(position>0){
                        String qstr = _____;
                        catesList = catesData.findClasData(qstr);
                        simpleAdapter =____(____ , ____ , ____ , ____ , ____);
                        gridView.setAdapter(simpleAdapter);
                }else {
                        simpleAdapter =____(____ , ____ , ____ , ____ , ____);
                        gridView.setAdapter(simpleAdapter);
                }
        }
        @Override
        public void onNothingSelected(AdapterView<?> adapterView) {
        }
});
```

请考虑，上述代码应该放置于 CatesActivity 控制文件中的什么位置？

5.2.4　美食按名称搜索

资料	章节	引导问题
输入框常用控制操作	4.4.3	如何获取输入框内容
图片按钮常用控制操作	4.4.5	响应点击操作调用什么方法

进行搜索操作前，开发者需要定义搜索输入框和搜索图片按钮变量，一般使用私有全局变量，并与对应的输入框和图片按钮绑定。

图片按钮响应点击操作调用图片按钮的 setOnClickListener()方法，参数可以是匿名内部类或内部类，此处使用匿名内部类。按名称搜索美食操作控制文件代码如下，请填写空白处。

```
btn_cate_search.setOnClickListener(new View.OnClickListener() {
        @Override
        public void onClick(View v) {
                if(edt_cate_search.getText()==null){
                        catesList = catesData.getData();
                }else {
```

```
        String qstr = _____;
        catesList = catesData.findNameData(qstr);
    }
    simpleAdapter =_____(___ , ____ , ____ , ____ , ____);
    gridView.setAdapter(simpleAdapter);
}
});
```

请考虑，上述代码应该放置于 CatesActivity 控制文件中的什么位置？

应用程序美食模块主界面运行效果如图 5-5 所示。

图 5-5　应用程序美食模块主界面运行效果

5.3　任务 3：美食详细介绍界面

任务目标	设计和建立应用程序美食详细介绍界面		
任务难度	★★★		
步骤序号	内容	问题	解决方法
1	设计美食详细介绍界面布局		
2	美食详细信息显示		
开始时间		完成情况	
结束时间		完成人	

5.3.1　设计美食详细介绍界面布局

资料	章节	引导问题
垂直滚动控件	4.4.8	垂直滚动控件中使用什么布局容器
图片框	4.4.2	是否需要限制图片大小
文本框	4.4.1	如何多行显示

美食详细介绍界面信息较多，可能出现超出屏幕显示的问题，因此使用垂直滚动控件。垂直滚动控件中使用线性布局，垂直方向线性排列图片框和两个文本框。

文本框设置 id、显示文字、文字大小和文字颜色。图片框设置 id、图片显示方式。美食详细介绍界面布局设计如图 5-6 所示。

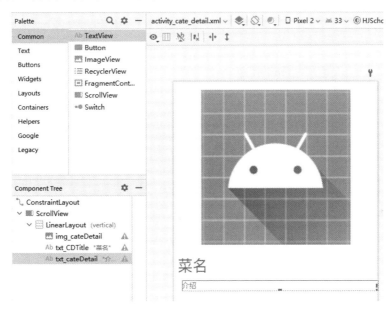

图 5-6　美食详细介绍界面布局设计图

可根据实际调整图片框、菜名文本框、详细介绍文本框之间的距离。美食详细介绍界面布局文件代码如下，请填写空白处。

```
<androidx.constraintlayout.widget.ConstraintLayout
        布局引用及配置为自动生成代码，省略
    tools:context=".CateDetailActivity">
    <ScrollView
        android:layout_width="match_parent"
        android:layout_height="match_parent">
        <LinearLayout
            android:layout_width="match_parent"
            android:layout_height="wrap_content"
            android:orientation="_____" >
            <ImageView
```

```
                android:id="@+id/img_cateDetail"
                android:scaleType="_____"
                _____ />      <!--请添加其他属性配置-->
            <TextView
                android:id="@+id/txt_CDTitle"
                android:text="菜名"
                _____ />      <!--请添加其他属性配置-->
            <TextView
                android:id="@+id/txt_cateDetail"
                android:singleLine="_____"
                android:text="介绍"
                _____ />      <!--请添加其他属性配置-->
        </LinearLayout>
    </ScrollView>
</androidx.constraintlayout.widget.ConstraintLayout>
```

5.3.2 美食详细信息显示

资料	章节	引导问题
传递和接收数据	4.12.7	接收数据时，简单数据对象使用什么接收方法 接收数据时，复杂数据对象使用什么接收方法
图片框赋值	4.4.2	【drawable】文件夹内图片使用什么赋值方法 其他图片使用什么赋值方法
文本框赋值	4.4.1	如何引用 strings.xml 文件中字符串

美食详细信息显示使用图片框和文本框。进行控制操作前，开发者需要定义图片框和文本框变量，一般使用私有全局变量，并与图片框及文本框绑定。

接收上个界面传递的美食详细数据，调用 Activity 的 getIntent()方法。传递的是 Map 对象，调用 getExtras()方法解析。

图片框赋值时，根据不同类型图片使用不同方法。【drawable】文件夹中的图片调用 setImageResource()方法，其他图片调用 setImageBitmap()方法或 setImageDrawable()方法。

文本框赋值时，根据不同类型文本数据使用不同方法。strings.xml 文件中的字符串调用 getResources()方法的 getString()方法。美食详细信息显示控制文件代码如下，请填写空白处。

```
public class CateDetailActivity extends AppCompatActivity {
    _____     //定义布局元素变量
    @Override
    protected void onCreate(Bundle savedInstanceState) {
        super.onCreate(savedInstanceState);
        setContentView(R.layout.activity_cate_detail);
        _____     //注册绑定布局元素
        Intent intent = getIntent();
        Bundle bundle = intent.getExtras();
        Map<String,Object> catesMap = (Map<String, Object>)
```

```
bundle.getSerializable("cate");
            img_cateDetail.(_____);
            txt_CDTitle.setText(catesMap.get("name").toString());
            txt_cateDetail.setText( catesMap.get("name").toString()
+ _____);
        }
    }
```

应用程序美食详细介绍界面运行效果如图 5-7 所示。

图 5-7　应用程序美食详细介绍界面运行效果

5.4　任务 4：社团模块主界面

任务目标	设计和建立应用程序社团模块主界面		
任务难度	★★		
步骤序号	内容	问题	解决方法
1	设计社团模块主界面布局		
2	社团相关信息界面入口控制		
开始时间		完成情况	
结束时间		完成人	

5.4.1 设计社团模块主界面布局

资料	章节	引导问题
文本框	4.4.1	如何设置文本框其他属性？例如：显示文字、文字大小等
图片框	4.4.2	图片框 id 前缀是什么 如何设置图片框其他属性？例如：显示模式等
按钮	4.4.4	如何设置按钮的其他属性？例如：显示文字、文字大小、背景颜色等

社团模块主界面有三个子模块的入口布局元素。设计的方法很多，例如使用三个文本框、三个图片框或三个按钮代表三个子模块的入口。以使用三个按钮代表三个子模块入口，欢迎词使用文本框，社联 Logo 使用图片框为例。

社联 Logo 使用的图片需要预先复制到资源目录【res】的【drawable】文件夹下。

社团模块主界面布局设计如图 5-8 所示。

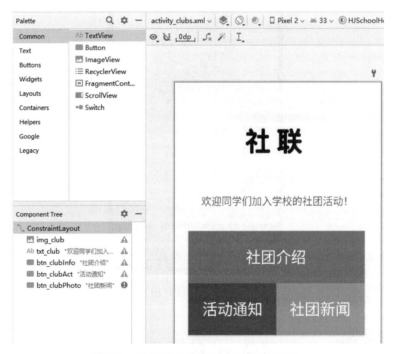

图 5-8 社团模块主界面布局设计示意图

社团模块主界面布局采用约束布局。布局容器中有图片框、文本框和按钮三类控件。图片框设置显示图片、图片大小、显示模式。文本框设置显示文字、文字大小和文字颜色。按钮设置 id、显示文字、文字大小和背景颜色，背景颜色可以直接用 6 位 16 进制数指定，也可引用 colors.xml 文件中预设置的颜色。社团模块主界面布局文件代码如下，请填写空白处。

```
<androidx.constraintlayout.widget.ConstraintLayout
              布局引用及配置为自动生成代码，省略
```

```
tools:context=".ClubsActivity">
<ImageView
    android:id="@+id/img_club"
_____    />    <!--请添加其他属性配置-->
<TextView
    android:text="欢迎同学们加入学校的社团活动！"
    android:id="@+id/txt_club"
_____    />    <!--请添加其他属性配置-->
<Button
    android:text="社团介绍"
    android:id="@+id/btn_clubInfo"
_____    />    <!--请添加其他属性配置-->

<Button
    android:text="活动通知"
    android:id="@+id/btn_clubAct"
_____    />    <!--请添加其他属性配置-->
<Button
    android:text="社团新闻"
    android:id="@+id/btn_clubPhoto"
_____    />    <!--请添加其他属性配置-->
</androidx.constraintlayout.widget.ConstraintLayout>
```

5.4.2　社团相关信息界面入口控制

资料	章节	引导问题
按钮常用控制操作	4.4.4	按钮背景颜色如何调整
新建 Activity	4.1.3	新建哪些 Activity，作用是什么
启动 Activity	4.12.6	如何切换界面

子模块入口使用的是按钮。进行控制操作前，开发者需要定义按钮变量，一般使用私有全局变量，并与对应的按钮绑定。

按钮响应点击操作调用按钮的 setOnClickListener()方法，参数可以是匿名内部类或内部类，此处使用匿名内部类。社团相关信息界面入口按钮操作控制文件代码如下，请填写空白处。

```
public class ClubsActivity extends AppCompatActivity {
_____    //定义布局元素变量
    @Override
    protected void onCreate(Bundle savedInstanceState) {
        super.onCreate(savedInstanceState);
_____    //注册绑定布局元素
        btn_clubInfo.setOnClickListener(new View.OnClickListener() {
```

```
            @Override
            public void onClick(View view) {
                Intent intent = new Intent(ClubsActivity.this,
ClublistActivity.class);
                startActivity(intent);
            }
        });
        btn_clubAct.setOnClickListener(new View.OnClickListener() {
            @Override
            public void onClick(View view) {
                Intent intent = new Intent(ClubsActivity.this,
ClubeventActivity.class);
                startActivity(intent);
            }
        });
        btn_clubPhoto.setOnClickListener(new View.OnClickListener() {
            @Override
            public void onClick(View view) {
                Intent intent = new Intent(ClubsActivity.this,
ClubphotoActivity.class);
                startActivity(intent);
            }
        });
    }
}
```

应用程序社团模块主界面运行效果如图 5-9 所示。

图 5-9　应用程序社团模块主界面运行效果

5.5　任务 5：社团介绍界面

任务目标	设计和建立应用程序社团介绍界面		
任务难度	★★★		
步骤序号	内容	问题	解决方法
1	设计社团介绍界面布局		
2	社团介绍显示		
3	社团按名称搜索		
开始时间		完成情况	
结束时间		完成人	

5.5.1　设计社团介绍界面布局

资料	章节	引导问题
列表控件	4.4.12	列表控件 id 前缀是什么 如何调整列表控件其他属性？例如：高度、宽度、位置等
输入框	4.4.3	如何配置输入框输入类型
按钮	4.4.4	按钮属性如何配置？例如：显示文字、文字大小等
文本框	4.4.1	文本框属性如何配置？例如：显示文字、文字大小等

社团介绍界面使用列表控件显示所有社团，使用输入框和按钮按名称搜索社团。
社团介绍界面布局设计如图 5-10 所示。

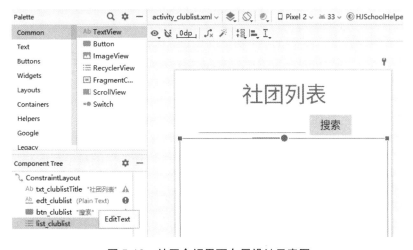

图 5-10　社团介绍界面布局设计示意图

社团介绍界面采用约束布局。布局容器中有文本框、输入框、按钮和列表控件等类型
控件。列表控件设置 id、高度、宽度。文本框设置显示文字、文字大小和文字颜色。按钮
设置 id、显示文字、文字大小。输入框设置 id、提示语和输入类型。社团介绍界面布局文
件代码如下，请填写空白处。

```
<androidx.constraintlayout.widget.ConstraintLayout
        布局引用及配置为自动生成代码，省略
    tools:context=".ClublistActivity">
    <TextView
        android:id="@+id/txt_clublistTitle"
        android:text="社团列表"
        _____ />      <!--请添加其他属性配置-->
    <EditText
        android:id="@+id/edt_clublist"
        _____ />      <!--请添加其他属性配置-->
    <Button
        android:id="@+id/btn_clublist"
        android:text="搜索"
        _____ />      <!--请添加其他属性配置-->
    <ListView
        android:id="@+id/list_clublist"
        android:layout_width="_____"
        android:layout_height="_____"
        android:layout_marginTop="_____"
        _____ />      <!--请添加其他属性配置-->
</androidx.constraintlayout.widget.ConstraintLayout>
```

5.5.2 社团介绍显示

资料	章节	引导问题
样式文件	4.2.2	如何调用样式文件
列表控件常用控制操作	4.4.12	列表控件条目响应点击调用什么方法
配置数据适配器	4.4.12	自定义数据适配器怎么配置
显示列表内容	4.4.12	如何显示列表内容

　　使用列表控件显示社团介绍。进行控制操作前，开发者需要定义列表控件变量，一般使用私有全局变量，并与列表控件绑定。

　　列表控件需要数据适配器，社团介绍界面中列表控件选用继承于基础数据适配器的自定义数据适配器。

　　列表控件需要定义每个条目显示的样式文件，名称为 item_list_clublist。此样式采用约束布局。布局容器中有文本框、图片框。社团名称文本框设置 id、显示文字、文字大小和文字颜色。社团介绍文本框设置 id、显示文字、文字大小、文字颜色和显示行数。图片框设置 id、高度、宽度和显示图片。样式文件布局设计如图 5-11 所示。

　　样式文件代码如下，请填写空白处。

```
<androidx.constraintlayout.widget.ConstraintLayout
        布局引用及配置为自动生成代码，省略
    >
```

```xml
        <ImageView
            android:id="@+id/img_item_clublist"
            _____ />      <!--请添加其他属性配置-->
        <TextView
            android:id="@+id/txt_item_clublist_name"
            android:text="社团名称"
            _____ />      <!--请添加其他属性配置-->
<TextView
            android:id="@+id/txt_item_clublist_desc"
            android:text="社团介绍"
            android:maxLines="_____"
            android:ellipsize="_____"
            _____ />      <!--请添加其他属性配置-->
</androidx.constraintlayout.widget.ConstraintLayout>
```

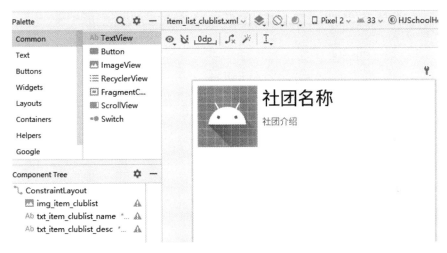

图 5-11　社团介绍界面列表控件条目样式文件布局设计示意图

新建一个继承于 BaseAdapter 的类作为社团介绍界面列表控件的数据适配器，命名为 ClubListAdapter。自动生成相关方法后，需要做的操作是：(1)新建构造方法；(2)修改相关方法返回值；(3)定义样式文件的容器内部类；(4)在 getView()方法中引用样式文件，绑定样式文件布局中控件以及控件相关操作。配置数据适配器代码如下，请填写空白处。

```java
public class ClubListAdapter extends BaseAdapter {
    private Context context;
    private List<Map<String, Object>> list;
    ClubListAdapter(Context context, List<Map<String, Object>> list){
        _____
        _____
    }
    @Override
    public int getCount() {
        return _____;
    }
```

```
        @Override
        public Object getItem(int position) {
            return _____;
        }
        @Override
        public long getItemId(int position) {
            return _____;
        }
        @Override
        public View getView(int position, View convertView, ViewGroup parent) {
            ViewHolder viewHolder = new ViewHolder();
            LayoutInflater inflater = LayoutInflater.from(context);
            convertView = inflater.inflate(R.layout.item_list_
clublist,null);
            viewHolder.img = convertView.findViewById(R.id.img_item_
clublist);
            viewHolder.name = _____;
            viewHolder.desc = _____;
            viewHolder.img.setImageResource(_____);
            viewHolder.name.setText(_____);
            viewHolder.desc.setText(_____);
            return convertView;
        }
        static class ViewHolder{
            public ImageView img;
            public TextView name;
            public TextView desc;
        }
    }
```

数据源可使用模拟数据、数据库数据或服务器数据。社团介绍界面控制文件代码如下，请填写空白处。

```
    public class ClublistActivity extends AppCompatActivity {
        _____      //定义布局元素变量
        private ClubsData clubsData = new ClubsData();
        private List<Map<String,Object>> listData;
        private ClubListAdapter clubListAdapter;
        @Override
        protected void onCreate(Bundle savedInstanceState) {
            super.onCreate(savedInstanceState);
            _____      //注册绑定布局元素
            listData = clubsData.getData();
            clubListAdapter = new ClubListAdapter(_____ , listData);
```

```
        list_clublist.setAdapter(clubListAdapter);
        list_clublist.setOnItemClickListener(new AdapterView.
OnItemClickListener() {
            @Override
            public void onItemClick(AdapterView<?> parent, View view,
int position, long id) {
                Intent intent = new Intent(ClublistActivity.this,
ClubinfoActivity.class);
                Bundle bundle = new Bundle();
                bundle.putSerializable("clubInfo", (Serializable)
listData.get(position));
                intent.putExtras(bundle);
                startActivity(intent);
            }
        });
    }
}
```

5.5.3　社团按名称搜索

资料	章节	引导问题
输入框常用控制操作	4.4.3	如何获取输入框内容
按钮常用控制操作	4.4.4	按钮响应点击操作调用什么方法

进行搜索操作前，开发者需要定义搜索输入框和搜索按钮变量，一般使用私有全局变量，并与对应的输入框和按钮绑定。

按钮响应点击操作调用按钮的 setOnClickListener() 方法，参数可以是匿名内部类或内部类，此处使用匿名内部类。按名称搜索社团操作控制文件代码如下，请填写空白处。

```
btn_clublist.setOnClickListener(new View.OnClickListener() {
    @Override
    public void onClick(View view) {
        String s = _____;
        listData = clubsData.findNameData(s);
        clubListAdapter = new ClubListAdapter(_____, listData);
        list_clublist.setAdapter(clubListAdapter);
    }
});
```

请考虑，上述代码应该放置于 ClublistActivity 控制文件中的什么位置？

应用程序社团介绍界面运行效果如图 5-12 所示。

图 5-12　应用程序社团介绍界面运行效果

5.6　任务 6：社团通知界面

任务目标	设计和建立应用程序社团通知界面		
任务难度	★★★		
步骤序号	内容	问题	解决方法
1	设计社团通知界面布局		
2	社团通知显示		
3	社团通知按名称搜索		
开始时间		完成情况	
结束时间		完成人	

5.6.1　设计社团通知界面布局

资料	章节	引导问题
RecyclerView 控件	4.4.13	RecyclerView 控件 id 前缀是什么 如何调整 RecyclerView 控件其他属性？例如：高度、宽度、位置等
输入框	4.4.3	如何配置输入框输入类型
图片按钮	4.4.5	图片按钮属性如何配置？例如：显示图片等
文本框	4.4.1	文本框属性如何配置？例如：显示文字、文字大小等

　　社团通知界面使用 RecyclerView 控件显示所有社团通知，使用输入框和图片按钮按名称搜索社团通知。

　　社团通知界面布局设计如图 5-13 所示。

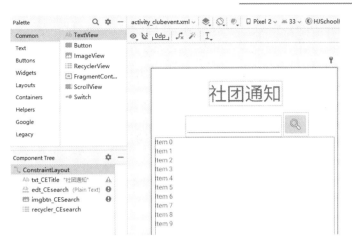

图 5-13　社团通知界面布局设计示意图

　　社团通知界面采用约束布局。布局容器中有文本框、输入框、图片按钮和 RecyclerView 控件等类型控件。RecyclerView 控件设置 id、高度、宽度。文本框设置显示文字、文字大小和文字颜色。图片按钮设置 id 和显示图片。输入框设置 id、提示语和输入类型。社团通知界面布局文件代码如下，请填写空白处。

```
<androidx.constraintlayout.widget.ConstraintLayout
          布局引用及配置为自动生成代码，省略
     tools:context=".ClubeventActivity">
     <TextView
          android:id="@+id/txt_CETitle"
          android:text="社团通知"
          _____ />     <!--请添加其他属性配置-->
     <EditText
          android:id="@+id/edt_CEsearch"
          _____ />     <!--请添加其他属性配置-->
     <ImageButton
          android:id="@+id/imgbtn_CESearch"
          _____ />     <!--请添加其他属性配置-->
     <androidx.recyclerview.widget.RecyclerView
          android:id="@+id/recycler_CEsearch"
          _____ />     <!--请添加其他属性配置-->
</androidx.constraintlayout.widget.ConstraintLayout>
```

5.6.2　社团通知显示

资料	章节	引导问题
样式文件	4.2.2	如何调用样式文件
RecyclerView 控件常用控制操作	4.4.13	RecyclerView 控件条目响应点击调用什么方法
配置数据适配器	4.4.13	RecyclerView 控件数据适配器怎么配置
显示 RecyclerView 控件内容	4.4.13	如何显示 RecyclerView 控件内容

社团通知显示使用 RecyclerView 控件。进行控制操作前,开发者需要定义 RecyclerView 控件变量,一般使用私有全局变量,并与 RecyclerView 控件绑定。

RecyclerView 控件需要数据适配器,社团通知界面中 RecyclerView 控件选用继承于 RecyclerView.Adapter 的自定义数据适配器。

RecyclerView 控件需要定义每个条目显示的样式文件,名称为 item_recyclerview_ clubevent。此样式采用线性布局(垂直方向)。布局容器中有文本框、图片框。社团名称 文本框设置 id、显示文字、文字大小和文字颜色。社团活动通知名称文本框设置 id、显 示文字、文字大小和文字颜色。社团活动通知简介文本框设置 id、显示文字、文字大小、 文字颜色和显示行数。图片框设置 id、高度、宽度和显示图片。样式文件布局设计如图 5-14 所示。

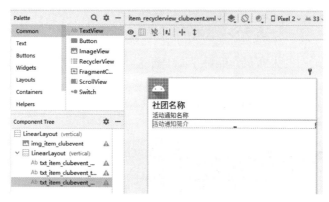

图 5-14 社团通知界面 RecyclerView 控件条目样式文件布局设计示意图

样式文件代码如下,请填写空白处。

```
<LinearLayout
        布局引用及配置为自动生成代码,省略
>
    <ImageView
        android:id="@+id/img_item_clubevent"
        _____ />      <!--请添加其他属性配置-->
    <LinearLayout
        android:layout_width="match_parent"
        android:layout_height="wrap_content"
        android:layout_marginBottom="10dp"
        android:orientation="vertical">
        <TextView
            android:id="@+id/txt_item_clubevent_name"
            android:text="社团名称"
            _____ />      <!--请添加其他属性配置-->
        <TextView
            android:id="@+id/txt_item_clubevent_title"
            android:text="活动通知名称"
            _____ />      <!--请添加其他属性配置-->
        <TextView
```

```
                    android:id="@+id/txt_item_clubevent_desc"
                    android:ellipsize="_____"
                    android:maxLines="_____"
                    android:text="活动通知简介"
            _____ />    <!--请添加其他属性配置-->
        </LinearLayout>
    </LinearLayout>
```

新建一个继承于 RecyclerView.Adapter<T>的类作为 RecyclerView 控件的数据适配器，名称为 ClubEventAdapter，泛型 T 为样式文件的容器内部类。自动生成相关方法后，需要做的操作是：(1)定义样式文件的容器内部类；(2)新建构造方法；(3)修改 getItemCount()方法返回值；(4)在 onBindViewHolder()方法中绑定样式文件中控件；(5)在 onCreate ViewHolder()方法中引用样式文件以及控件相关操作。配置数据适配器代码如下，请填写空白处。

```
    public class ClubEventAdapter extends RecyclerView.Adapter<_____> {
        private List<Map<String, Object>> clubEventlist;
        ClubEventAdapter(List<Map<String,Object>> list){
            clubEventlist = list;
        }
        @NonNull
        @Override
        public ViewHolder onCreateViewHolder(@NonNull ViewGroup parent, int
viewType) {
            LayoutInflater inflater = LayoutInflater.from(parent.
getContext());
            View view = inflater.inflate(R.layout.item_recyclerview_
clubevent,parent,false);
            final ViewHolder viewHolder = new ViewHolder(view);
            viewHolder.itemview.setOnClickListener(new View.OnClick
Listener() {
                @Override
                public void onClick(View view) {
                    int position = viewHolder.getAdapterPosition();
                    Intent intent = new Intent(_____ , Clubevent
DetailActivity.class);
                    Bundle bundle = new Bundle();
                    bundle.putSerializable("eventInfo", (Serializable)
 _____);
                    intent.putExtras(bundle);
                    parent.getContext().startActivity(intent);
                }
            });
            return viewHolder;
        }
        @Override
        public void onBindViewHolder(@NonNull ViewHolder holder, int
position) {
```

```
                Map<String,Object> eventMap = clubEventlist.get(position);
                holder.img.setImageResource(_____);
                holder.name.setText(_____);
                holder.title.setText(_____);
                holder.desc.setText(_____);
            }
            @Override
            public int getItemCount() {
                return _____;
            }
            class ViewHolder extends RecyclerView.ViewHolder{
                ImageView img;
                TextView name;
                TextView title;
                TextView desc;
                View itemview;
                public ViewHolder(View itemView) {
                    super(itemView);
                    itemview = itemView;
                    img = itemView.findViewById(R.id.img_item_clubevent);
                    name = itemView.findViewById(R.id.txt_item_clubevent_name);
                    title = itemView.findViewById(R.id.txt_item_clubevent_
title);
                    desc = itemView.findViewById(R.id.txt_item_clubevent_desc);
                }
            }
        }
    }
```

数据源可使用模拟数据、数据库数据或服务器数据。社团通知界面控制文件代码如下，
注意需要定义布局管理器，请填写空白处。

```
    public class ClubeventActivity extends AppCompatActivity {
    _____  //定义布局元素变量
    private ClubEventData clubEventData = new ClubEventData();
    private List<Map<String,Object>> clubEventList;
    @Override
    protected void onCreate(Bundle savedInstanceState) {
    _____  //注册绑定布局元素
        imgbtn_CESearch = findViewById(R.id.imgbtn_CESearch);
        recycler_CEsearch = findViewById(R.id.recycler_CEsearch);
        clubEventList = clubEventData.getData();
    _____  //定义布局管理器
        recycler_CEsearch.setLayoutManager(_____);
        ClubEventAdapter clubEventAdapter = new ClubEventAdapter
(clubEventList);
        recycler_CEsearch.setAdapter(clubEventAdapter);
    }
    }
```

5.6.3 社团通知按名称搜索

资料	章节	引导问题
输入框常用控制操作	4.4.3	如何获取输入框内容
图片按钮常用控制操作	4.4.5	图片按钮响应点击操作调用什么方法

进行搜索操作前，开发者需要定义搜索输入框和搜索图片按钮变量，一般使用私有全局变量，并与对应的输入框和图片按钮绑定。

图片按钮响应点击操作调用图片按钮的 setOnClickListener()方法，参数可以是匿名内部类或内部类，此处使用匿名内部类。按名称搜索社团通知操作控制文件代码如下，请填写空白处。

```
imgbtn_CESearch.setOnClickListener(new View.OnClickListener() {
    @Override
    public void onClick(View view) {
        if(edt_CEsearch.getText().length()>0){
            clubEventList = clubEventData.findData(_____);
        }
    ClubEventAdapter clubEventAdapter = new ClubEventAdapter(_____);
        recycler_CEsearch.setAdapter(clubEventAdapter);
    }
});
```

请考虑，上述代码应该放置于 ClubeventActivity 控制文件中的什么位置？

应用程序社团通知界面运行效果如图 5-15 所示。

图 5-15　应用程序社团通知界面运行效果

5.7 任务 7：社团新闻界面

任务目标	设计和建立应用程序社团新闻界面		
任务难度	★★★★		
步骤序号	内容	问题	解决方法
1	设计社团新闻界面布局		
2	社团新闻显示		
3	社团新闻按名称搜索		
开始时间		完成情况	
结束时间		完成人	

5.7.1 设计社团新闻界面布局

资料	章节	引导问题
RecyclerView 控件	4.4.13	RecyclerView 控件 id 前缀是什么 如何调整 RecyclerView 控件其他属性？例如：高度、宽度、位置等
输入框	4.4.3	如何配置输入框输入类型
图片按钮	4.4.5	图片按钮属性如何配置？例如：显示图片等
文本框	4.4.1	文本框属性如何配置？例如：显示文字、文字大小等

社团新闻界面使用 RecyclerView 控件显示所有社团新闻，使用输入框和图片按钮按名称搜索社团新闻。

社团新闻界面布局设计如图 5-16 所示。

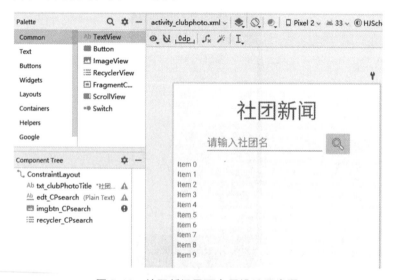

图 5-16　社团新闻界面布局设计示意图

社团新闻界面采用约束布局。布局容器中有文本框、输入框、图片按钮和 RecyclerView 控件等类型控件。RecyclerView 控件设置 id、高度、宽度。文本框设置显示文字、文字大小和文字颜色。图片按钮设置 id、显示图片。输入框设置 id、提示语和输入类型。社团新闻界面布局文件代码如下，请填写空白处。

```
<androidx.constraintlayout.widget.ConstraintLayout
              布局引用及配置为自动生成代码，省略
    tools:context=".ClubphotoActivity">
    <TextView
        android:id="@+id/txt_clubPhotoTitle"
        android:text="社团新闻"
        _____ />    <!--请添加其他属性配置-->
    <EditText
        android:id="@+id/edt_CPsearch"
        android:hint="请输入社团名"
        _____ />    <!--请添加其他属性配置-->
    <ImageButton
        android:id="@+id/imgbtn_CPsearch"
        _____ />    <!--请添加其他属性配置-->
    <androidx.recyclerview.widget.RecyclerView
        _____ />    <!--请添加其他属性配置-->
</androidx.constraintlayout.widget.ConstraintLayout>
```

5.7.2　社团新闻显示

资料	章节	引导问题
样式文件	4.2.2	如何调用样式文件
RecyclerView 控件常用控制操作	4.4.13	RecyclerView 控件条目响应点击调用什么方法
无滚动网格控件	4.4.11	如何设置网格控件高度使滚动条消失
配置数据适配器	4.4.13	RecyclerView 控件数据适配器怎么配置
显示 RecyclerView 控件内容	4.4.13	如何显示 RecyclerView 控件内容

社团新闻显示使用 RecyclerView 控件。进行控制操作前，开发者需要定义 RecyclerView 控件变量，一般使用私有全局变量，并与 RecyclerView 控件绑定。

RecyclerView 控件需要数据适配器，社团新闻界面中 RecyclerView 控件选用继承于 RecyclerView.Adapter 的自定义数据适配器。

RecyclerView 控件需要定义每个条目显示的样式文件，名称为 item_recyclerview_ clubphoto。此样式采用约束布局。布局容器中有文本框、图片框和无滚动网格控件。社团名称文本框设置 id、显示文字、文字大小和文字颜色。社团新闻标题文本框设置 id、显示文字、文字大小和文字颜色。社团新闻内容文本框设置 id、显示文字、文字大小、文字颜色和显示行数。图片框设置 id、高度、宽度和显示图片。无滚动网格控件设置 id 和列数。样式文件布局设计如图 5-17 所示。

样式文件代码如下，请填写空白处。

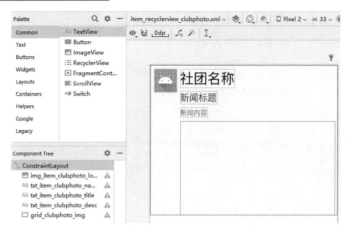

图 5-17　社团新闻界面 RecyclerView 控件条目样式文件布局设计示意图

```
<androidx.constraintlayout.widget.ConstraintLayout
          布局引用及配置为自动生成代码，省略
">
    <ImageView
        android:id="@+id/img_item_clubphoto_logo"
        _____ />      <!--请添加其他属性配置-->
    <TextView
        android:id="@+id/txt_item_clubphoto_name"
        android:text="社团名称"
        _____ />      <!--请添加其他属性配置-->
    <TextView
        android:id="@+id/txt_item_clubphoto_title"
        android:text="新闻标题"
        _____ />      <!--请添加其他属性配置-->
    <TextView
        android:id="@+id/txt_item_clubphoto_desc"
        android:text="新闻内容"
        _____ />      <!--请添加其他属性配置-->
    <com.example.hjschoolhelper.NoScrollGridView
        android:id="@+id/grid_clubphoto_img"
        _____ />      <!--请添加其他属性配置-->
</androidx.constraintlayout.widget.ConstraintLayout>
```

新建一个继承于 RecyclerView.Adapter<T>的类作为 RecyclerView 控件的数据适配器，名称为 ClubphotoAdapter，泛型 T 为样式文件的容器内部类。自动生成相关方法后，需要做的操作是：(1)定义样式文件的容器内部类；(2)新建构造方法；(3)修改 getItemCount()方法返回值；(4)在 onBindViewHolder()方法中绑定样式文件中控件；(5)在 onCreateView Holder()方法中引用样式文件以及控件相关操作。注意网格控件需要引用自定义的无滚动网格控件。配置数据适配器代码如下，请填写空白处。

```
public class ClubphotoAdapter  extends RecyclerView.Adapter<_____> {
```

```java
    private List<Map<String,Object>> clubPhotolist;
    ClubphotoAdapter(List<Map<String,Object>> list){
        clubPhotolist = list;
    }
    @NonNull
    @Override
    public ViewHolder onCreateViewHolder(@NonNull ViewGroup parent, int
viewType) {
        LayoutInflater inflater = LayoutInflater.from(parent.
getContext());
        View view = inflater.inflate(_____, parent , false);
        return viewHolder;
    }
    @Override
    public void onBindViewHolder(@NonNull ViewHolder holder, int
position) {
        Map<String,Object> eventMap = clubPhotolist.get(position);
        holder.logo.setImageResource(_____);
        holder.name.setText_____);
        holder.title.setText(_____);
        holder.desc.setText(_____);
        List<Map<String,Object>> photolist = new ArrayList<Map
<String,Object>>();
        int[] photoimg = (int[]) eventMap.get("img");
        for(int j=0;j<photoimg.length;j++){
            Map<String,Object> map = new HashMap<>();
            map.put("img" , photoimg[j]);
            photolist.add(map);
        }
        ClubphotoGridAdapter gridAdapter = new ClubphotoGridAdapter
        (_____ , photolist);
                    此处显示图片网格数据适配器 gridAdapter，请自行建立
        holder.photogrid.setAdapter(gridAdapter);
    }
    @Override
    public int getItemCount() {
        return _____;
    }
    class ViewHolder extends RecyclerView.ViewHolder{
        ImageView logo;
        TextView name;
        TextView title;
        TextView desc;
        NoScrollGridView photogrid;
        View itemview;
        public ViewHolder(@NonNull View itemView) {
            super(itemView);
```

```
            itemview = itemView;
        _____              //绑定样式文件所有控件

        }
    }
}
```

数据源可使用模拟数据、数据库数据或服务器数据。社团新闻界面控制文件代码如下，注意选择 LinearLayoutManager 布局管理器，请填写空白处。

```
public class ClubphotoActivity extends AppCompatActivity {
    (_____)        //定义布局元素变量
    private ClubPhotoData clubPhotoData = new ClubPhotoData();
    private List<Map<String,Object>> clubPhotoList;
    @Override
    protected void onCreate(Bundle savedInstanceState) {
        super.onCreate(savedInstanceState);
        setContentView(R.layout.activity_clubphoto);
        _____            //注册绑定布局元素
        clubPhotoList = clubPhotoData.getData();
        _____            //选择 LinearLayoutManager
                                                        布局管理器
        recycler_CPsearch.setLayoutManager(layoutManager);
        ClubphotoAdapter clubPhotoAdapter = new ClubphotoAdapter
(clubPhotoList);
        recycler_CPsearch.setAdapter(clubPhotoAdapter);
    }
}
```

5.7.3 社团新闻按名称搜索

资料	章节	引导问题
输入框常用控制操作	4.4.3	如何获取输入框内容
图片按钮常用控制操作	4.4.5	图片按钮响应点击操作调用什么方法

进行搜索操作前，开发者需要定义搜索输入框和搜索图片按钮变量，一般使用私有全局变量，并与对应的输入框和图片按钮绑定。

图片按钮响应点击操作调用图片按钮的 setOnClickListener()方法，参数可以是匿名内部类和内部类。此处使用匿名内部类。按名称搜索社团新闻操作控制文件代码如下，请填写空白处。

```
imgbtn_CPsearch.setOnClickListener(new View.OnClickListener() {
    @Override
    public void onClick(View view) {
        List<Map<String,Object>> list = clubPhotoList;
        if(edt_CPsearch.getText().length()>0){
```

```
        list = clubPhotoData.findData(_____);
    }
    ClubphotoAdapter clubPhotoAdapter = new ClubphotoAdapter(_____);
    recycler_CPsearch.setAdapter(clubPhotoAdapter);
    }
});
```

请考虑，上述代码应该放置于 ClubphotoActivity 控制文件中的什么位置？

应用程序社团新闻界面运行效果如图 5-18 所示。

图 5-18　应用程序社团新闻界面运行效果

5.8　任务 8：院系模块主界面

任务目标	设计和建立应用程序院系模块主界面		
任务难度	★★★★		
步骤序号	内容	问题	解决方法
1	设计院系模块主界面布局		
2	各院系内容点击显示		
开始时间		完成情况	
结束时间		完成人	

5.8.1　设计院系模块主界面布局

资料	章节	引导问题
帧布局	4.5.1	帧布局的 id 前缀是什么 如何调整帧布局其他属性？例如：高度、宽度、位置等
文本框	4.4.1	文本框属性如何配置？例如：显示文字、文字大小、附属图等
链式约束组	4.3.1	链式约束组作用是什么 链式约束组如何生成

院系模块主界面使用帧布局与文本框组合显示所有院系内容，帧布局中放置各院系的 Fragment。使用各院系对应的文本框切换 Fragment。

院系模块主界面布局设计如图 5-19 所示。

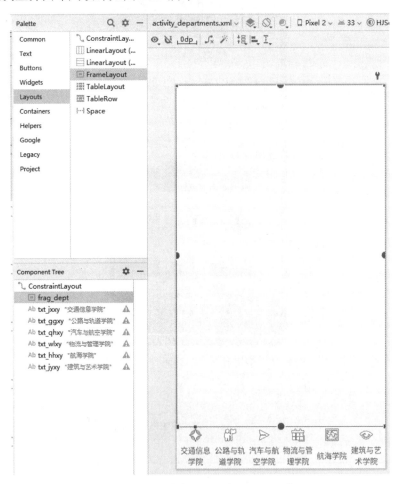

图 5-19　院系模块主界面布局设计示意图

院系模块主界面采用约束布局。布局容器中有文本框、帧布局等类型布局元素。帧布局设置 id、高度和宽度。文本框设置显示文字、文字大小和附属图。六个院系文本框采用链式约束组的 spread 方式显示。院系模块主界面布局文件代码如下，请填写空白处。

```
<androidx.constraintlayout.widget.ConstraintLayout
```

```
                    布局引用及配置为自动生成代码，省略
tools:context=".DepartmentsActivity">
<FrameLayout
    android:id="@+id/frag_dept"
    _____ />        <!--请添加其他属性配置-->
</FrameLayout>
<TextView
    android:id="@+id/txt_jxxy"
    android:text="交通信息学院"
    _____ />        <!--请添加其他属性配置-->
<TextView
    android:id="@+id/txt_ggxy"
    android:text="公路与轨道学院"
    _____ />        <!--请添加其他属性配置-->
<TextView
    android:id="@+id/txt_qhxy"
    android:text="汽车与航空学院"
    _____ />        <!--请添加其他属性配置-->
<TextView
    android:id="@+id/txt_wlxy"
    android:text="物流与管理学院"
    _____ />        <!--请添加其他属性配置-->
<TextView
    android:id="@+id/txt_hhxy"
    android:text="航海学院"
    _____ />        <!--请添加其他属性配置-->
<TextView
    android:id="@+id/txt_jyxy"
    android:text="建筑与艺术学院"
    _____ />        <!--请添加其他属性配置-->
</androidx.constraintlayout.widget.ConstraintLayout>
```

5.8.2　各院系内容点击显示

资料	章节	引导问题
Fragment	4.5.2	Fragment 如何生成 Fragment 如何注册绑定 Fragment 界面操作如何完成
文本框	4.4.1.2	文本框如何响应点击操作

　　六个院系界面使用六个 Fragment 显示。进行控制操作前，开发者需要定义六个 Fragment 变量和六个文本框变量，一般使用私有全局变量，并与 Fragment 及文本框绑定。

　　Fragment 需要定义对应的布局文件，六个院系对应的 Fragment 名称分别为 JxxyFragment、

GgxyFragment、QhxyFragment、WlxyFragment、HhxyFragment、JyxyFragment。Fragment
采用帧布局，布局容器中可嵌套约束布局，其内容自行设计。

各院系内容点击显示操作控制文件代码如下。

```java
public class DepartmentsActivity extends AppCompatActivity {
    private TextView txt_jxxy,txt_ggxy,txt_qhxy,txt_wlxy,txt_hhxy,
txt_jyxy;
    private JxxyFragment jxxy;
    _____        //定义其他院系 Fragment 变量
    private String deptName;
    @Override
    protected void onCreate(Bundle savedInstanceState) {
        super.onCreate(savedInstanceState);
        setContentView(R.layout.activity_departments);
        _____        //注册绑定各院系文本框
        jxxy = new JxxyFragment();
        _____        //初始化各院系 Fragment
        FragmentManager fm = getSupportFragmentManager();
        FragmentTransaction ft = fm.beginTransaction();
        Bundle bundle = new Bundle();
        deptName = txt_jxxy.getText().toString();
        bundle.putString("deptName",deptName);
        jxxy.setArguments(bundle);
        ft.replace(R.id.frag_dept,jxxy);
        ft.commit();
        txt_jxxy.setOnClickListener(new Click());
        _____        //其他院系文本框响应点击
    }
    private class Click implements View.OnClickListener {
        @Override
        public void onClick(View v) {
            FragmentManager fm = getSupportFragmentManager();
            FragmentTransaction ft = fm.beginTransaction();
            Bundle bundle = new Bundle();
            switch (v.getId()) {
                case R.id.txt_jxxy:
                    deptName = txt_jxxy.getText().toString();
                    bundle.putString("deptName",deptName);
                    jxxy.setArguments(bundle);
                    ft.replace(R.id.frag_dept,jxxy);
                    break;
                _____        //显示对应院系 Fragment
        }
```

```
            ft.commit();
        }
    }
}
```

应用程序院系模块主界面运行效果见 5.9 节任务 9。

5.9　任务 9：公路与轨道学院 Fragment

任务目标	设计和建立应用程序公路与轨道学院 Fragment		
任务难度	★★★★		
步骤序号	内容	问题	解决方法
1	设计公路与轨道学院 Fragment 布局		
2	各内容界面滑动显示		
开始时间		完成情况	
结束时间		完成人	

5.9.1　设计公路与轨道学院 Fragment 布局

资料	章节	引导问题
标签控件	4.5.3	标签控件 id 前缀是什么 如何配置标签控件其他属性？例如：高度、宽度、位置等
ViewPager2 控件	4.5.2	ViewPager2 控件 id 前缀是什么 如何配置 ViewPager2 控件其他属性？例如：高度、宽度、位置等

公路与轨道学院 Fragment 使用标签控件与 ViewPager2 控件组合显示公路与轨道学院相关内容，ViewPager2 控件中放置公路与轨道学院相关内容的 Fragment，例如办学历史、学院名师、产教融合和招生育人等。

公路与轨道学院 Fragment 布局设计如图 5-20 所示。

公路与轨道学院 Fragment 采用帧布局。布局容器中有标签控件和 ViewPager2 控件等类型布局元素。标签控件设置 id、高度和宽度。ViewPager2 控件设置 id、高度和宽度。公路与轨道学院 Fragment 布局文件代码如下。

```
<FrameLayout
        布局引用及配置为自动生成代码，省略
    tools:context=".GgxyFragment">
    <com.google.android.material.tabs.TabLayout
        android:id="@+id/tab_ggxy"
        android:layout_width="match_parent"
        android:layout_height="60dp" />
        <!-- TabItem 内容可删除，在控制文件中配置-->
    </com.google.android.material.tabs.TabLayout>
    <androidx.viewpager2.widget.ViewPager2
```

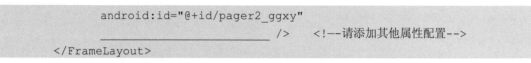

```
            android:id="@+id/pager2_ggxy"
    _____ />      <!--请添加其他属性配置-->
</FrameLayout>
```

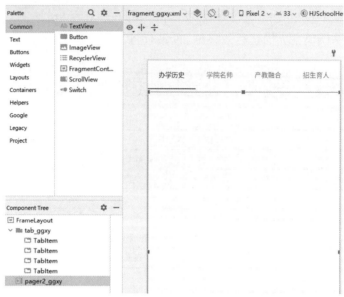

图 5-20　公路与轨道学院 Fragment 布局设计示意图

5.9.2　各内容界面滑动显示

资料	章节	引导问题
Fragment	4.5.2	Fragment 如何生成 Fragment 如何注册绑定 Fragment 界面操作如何完成
标签控件	4.5.3	标签控件如何赋值 标签控件响应点击操作调用什么方法 ViewPager2 控件如何与标签控件关联
ViewPager2 控件	4.5.2	ViewPager2 控件如何赋值

公路与轨道学院有四个内容界面，使用四个 Fragment 显示。进行控制操作前，开发者需要定义四个 Fragment 变量、标签控件变量和 ViewPager2 控件变量，一般使用私有全局变量，并与 Fragment、标签控件和 ViewPager2 控件绑定。

四个内容界面 Fragment 需要定义对应的布局文件。四个内容界面对应的 Fragment 名称分别为 GgxyHisFragment、GgxyTeacherFragment、GgxyTechFragment 和 GgxyStudentFragment。Fragment 采用帧布局，布局容器中可嵌套约束布局，其内容自行设计。

ViewPaer2 控件需要配置数据适配器。新建一个类，名称为 GgxyTab Pager2Adapter，继承于 FragmentStateAdapter 类，自动生成相关方法。配置 ViewPaer2 控件的数据适配器代码如下，请填写空白处。

```
public class GgxyTabPager2Adapter  extends FragmentStateAdapter {
```

```
            private List<Map<String,Object>> list;
            public GgxyTabPager2Adapter(@NonNull FragmentActivity fragment
Activity, List<Map<String,Object>> list) {
                super(fragmentActivity);
                this.list = list;
            }
            @NonNull
            @Override
            public Fragment createFragment(int position) {
                return _____ ;
            }
            @Override
            public int getItemCount() {
                return _____ ;
            }
        }
    }
```

公路与轨道学院各内容界面滑动显示操作控制文件代码如下，请填写空白处。

```
        public class GgxyFragment extends Fragment {
            @Override
            public void onCreate(Bundle savedInstanceState) {
                super.onCreate(savedInstanceState);
              if (getArguments() != null) {
                    deptName = getArguments().getString("deptName");
                }
            }
            @Override
            public View onCreateView(LayoutInflater inflater, ViewGroup
container,Bundle savedInstanceState) {
                View view =inflater.inflate(R.layout.fragment_ggxy,
container, false);
                TabLayout tab_ggxy = view.findViewById(R.id.tab_ggxy);
                ViewPager2 pager2_ggxy = view.findViewById(R.id.pager2_ggxy);
                String[] tabtitles = {"办学历史","学院名师","产教融合","招生育人"};
                Fragment[] fragments = {_____ ,_____ ,_____ ,_____ ,
                List<Map<String,Object>> list = new ArrayList<Map<String,
Object>>();
                for(int i=0;i<tabtitles.length;i++){
                    Map<String,Object> map = new HashMap<String,Object>();
                    map.put("title", tabtitles[i]);
                    map.put("frag" , fragments[i]);
                    list.add(map);
                }
                GgxyTabPager2Adapter tabPagerAdapter = new
                            GgxyTabPager2Adapter(_____ ,list);
```

```
            pager2_ggxy.setAdapter(tabPagerAdapter);
            new TabLayoutMediator(tab_ggxy, pager2_ggxy,
                    new TabLayoutMediator.TabConfigurationStrategy() {
                        @Override
                        public void onConfigureTab(@NonNull TabLayout.Tab
tab, int position) {
                            tab.setText(_____);
                        }
                    }).attach();
            return view;
        }
    }
```

应用程序院系模块主界面及公路与轨道学院 Fragment 运行效果如图 5-21 所示。

图 5-21 应用程序院系模块主界面及公路与轨道学院 Fragment 运行效果

模块三 界面数据获取和操作模块

 本模块内容

1. 登录和注册界面数据获取和操作
2. 数据管理首界面布局与控制
3. 新生指南数据管理界面数据获取和操作
4. 社团数据管理界面数据获取和操作
5. 出行数据管理界面数据获取和操作
6. Android 多线程技术的应用

 学习目标

1. 掌握普通控件数据获取方法
2. 掌握 SharedPreferences 数据读取和操作方法
3. 掌握 SQLite 数据库列表数据读取和操作方法
4. 掌握服务器数据获取和操作方法
5. 掌握 Android 移动端文件的获取和操作
6. 掌握 Android 子线程的使用和用户界面的更新操作

 能力目标

1. 能获取普通控件输入的数据
2. 能对 SharedPreferences 中的数据进行操作
3. 能对 SQLite 数据库中的数据进行操作
4. 能对服务器数据进行操作
5. 能对文件进行操作
6. 能使用 Android 多线程技术进行网络操作

界面数据获取和操作

本章设计和建立案例应用程序的数据输入和管理界面。如开发者没有学习数据与文件管理模块，也没有建立案例数据库或数据服务器，请预先进行学习。以下章节中由于教学需要，选用了不同数据读取和存储方式，实际应用中采用任意一种即可。

6.1 任务 1：登录界面

任务目标	设计和建立应用程序登录界面		
任务难度	★★		
步骤序号	内容	问题	解决方法
1	设计登录界面布局		
2	登录控制		
3	注册入口控制		
开始时间		完成情况	
结束时间		完成人	

6.1.1 设计登录界面布局

资料	章节	引导问题
文本框	4.4.1	如何设置文本框属性？例如：显示文字、文字大小、文字颜色等
图片框	4.4.2	如何设置图片框属性？例如：高度、宽度、显示图片等
输入框	4.4.3	如何设置输入框属性？例如：提示语、附属图等
按钮	4.4.4	如何设置按钮属性？例如：显示文字、文字大小等

应用程序登录界面有许多需要输入的信息，可用输入或取值控件较多，因此设计的方法很多，例如使用输入框、单选按钮、复选框或下拉框等均可取值。注册入口也可以使用文本框、图片框或按钮。以使用两个输入框输入账号和密码，登录使用按钮，注册入口使用文本框为例。

登录界面布局设计如图 6-1 所示。

登录界面采用约束布局。布局容器中有文本框、图片框、输入框和按钮四类控件。文本框设置 id、显示文字、文字大小和文字颜色。输入框设置 id、提示语和输入类型。按钮设置 id、显示文字和文字大小。图片框设置高度、宽度和显示图片。登录界面布局文件代码如下，请填写空白处。

图 6-1　登录界面布局设计示意图

```
<androidx.constraintlayout.widget.ConstraintLayout
        布局引用及配置为自动生成代码，省略
    tools:context=".LoginActivity">
    <TextView
        android:id="@+id/txt_login_title"
        android:text="登录"
        _____ />    <!--请添加其他属性配置-->
    <ImageView
        android:id="@+id/img_login_title"
        _____ />    <!--请添加其他属性配置-->
    <EditText
        android:id="@+id/edt_login_usr"
        android:hint="账号"
        _____ />    <!--请添加其他属性配置-->
    <EditText
        android:id="@+id/edt_login_pwd"
        android:hint="密码"
        _____ />    <!--请添加其他属性配置-->
    <TextView
        android:id="@+id/txt_login_info"
        _____ />        <!--请添加其他属性配置-->
    <Button
        android:id="@+id/btn_login_ok"
        android:text="确认"
        _____ />        <!--请添加其他属性配置-->
```

```xml
<Button
    android:id="@+id/btn_login_cancel"
    android:text="取消"
    _____ />          <!--请添加其他属性配置-->
<TextView
    android:id="@+id/txt_reg"
    android:text="注册新账号"
    _____ />          <!--请添加其他属性配置-->
</androidx.constraintlayout.widget.ConstraintLayout>
```

6.1.2   登录控制

资料	章节	引导问题
应用栏	4.6.1	如何设置应用栏返回图标
输入框	4.4.3	如何设置附属图属性
按钮常用控制操作	4.4.4	响应点击调用什么方法
SQLite 数据库添加操作	4.14.2	如何添加用户信息到 SQLite 数据库
启动 Activity	4.12.6	如何切换界面

进行控制操作前，开发者需要定义输入框和按钮变量，一般使用私有全局变量，并与输入框和按钮绑定。

按钮响应点击操作调用按钮的 setOnClickListener()方法，参数选用匿名内部类。

由于按钮点击操作会查询 SQLlite 数据库，需预先建立 SQLite 数据库及操作类。

登录界面控制文件代码如下，请填写空白处。

```java
public class LoginActivity extends AppCompatActivity {
    _____          //定义布局元素变量
    @Override
    protected void onCreate(Bundle savedInstanceState) {
        super.onCreate(savedInstanceState);
        setContentView(R.layout.activity_login);
        _____          //注册绑定布局元素
        ActionBar actionBar = getSupportActionBar();
        actionBar.setDisplayHomeAsUpEnabled(true);
        Drawable drawable = getResources().getDrawable(R.drawable.
ic_launcher_background);
        drawable.setBounds(15,0,65,50);
        edt_login_usr.setCompoundDrawables(drawable,null,null,null);
        edt_login_usr.setCompoundDrawablePadding(30);
        btn_login_ok.setOnClickListener(new View.OnClickListener() {
            @Override
            public void onClick(View v) {
                String usr = edt_login_usr.getText().toString();
                String pwd = edt_login_pwd.getText().toString();
```

```
                    UserSQLiteDAO userdao = new UserSQLiteDAO(v.getContext());
                    String auth = "";
                    boolean flag = false;
                    if(cursor.moveToNext()){          //查询数据库 users 表的结果
                        flag = true;
                        auth = cursor.getString(cursor.getColumnIndex
("user_auth"));
                    }
                    if(flag){
                        if (auth.equals("admin")){
                    Intent intent = new Intent(LoginActivity.this,Main
ManageActivity.class);
                            intent.putExtra("user",usr);
                            startActivity(intent);
                        }else{
                         Intent intent = new Intent(LoginActivity.this,
MainActivity.class);
                            intent.putExtra("user",usr);
                            startActivity(intent);
                        }
                    }else {
                     txt_login_info.setText("账号或密码错误，请核对后重新输入");
                    }
                }
            });
            btn_login_cancel.setOnClickListener(new View.OnClickListener()
            {
                @Override
                public void onClick(View v) {
                    edt_login_usr.setText("");
                    edt_login_pwd.setText("");
                }
            });
        }
        @Override
        public boolean onOptionsItemSelected(@NonNull MenuItem item) {
            switch (item.getItemId()){
                case android.R.id.home:
                    _____;          //应用栏返回图标操作
                    break;
            }
            return super.onOptionsItemSelected(item);
        }
    }
```

6.1.3 注册入口控制

资料	章节	引导问题
文本框	4.4.1	如何绑定文本框控件 文本框能响应点击操作吗？如果能，调用什么方法
新建 Activity	4.1.3	新建 Activity 作用是什么
启动 Activity	4.12.6	如何切换界面

注册入口使用的是文本框。进行控制操作前，开发者需要定义文本框变量，一般使用私有全局变量，并与文本框绑定。

文本框响应点击操作调用文本框的 setOnClickListener()方法，参数选用匿名内部类。

注册入口文本框控制文件代码如下，请填写空白处。

```
txt_reg.setOnClickListener(new View.OnClickListener() {
    @Override
    public void onClick(View v) {
        Intent intent = new Intent(_____ , _____);
        startActivity(intent);
    }
});
```

请考虑，上述代码应该放置于 LoginActivity 控制文件中的什么位置？

应用程序登录界面运行效果如图 6-2 所示。

图 6-2 应用程序登录界面运行效果

6.2　任务 2：注册界面

任务目标	设计和建立应用程序注册界面		
任务难度	★★		
步骤序号	内容	问题	解决方法
1	设计注册界面布局		
2	注册控制		
开始时间		完成情况	
结束时间		完成人	

6.2.1　设计注册界面布局

资料	章节	引导问题
文本框	4.4.1	如何设置文本框属性？例如：显示文字、文字大小、文字颜色等
输入框	4.4.3	如何设置输入框属性？例如：提示语、附属图等
单选按钮组和单选按钮	4.4.6	单选按钮组和单选按钮 id 前缀是什么 如何设置其他属性？例如：显示文字、文字大小、文字颜色等
复选框	4.4.7	复选框 id 前缀是什么 如何设置其他属性？例如：显示文字，文字大小等
下拉框	4.4.10	如何设置下拉框数据
按钮	4.4.4	如何设置按钮的属性？例如：显示文字、文字大小等

　　注册界面有许多需要输入的信息，可用输入或取值控件较多，因此设计的方法很多，例如使用输入框、单选按钮、复选框或下拉框等均可取值。注册确认也可以使用文本框、图片框或按钮。以使用两个输入框、一个下拉框、一个单选按钮组和多个复选框作为输入控件，注册确认和重置使用按钮为例。

　　注册界面布局设计如图 6-3 所示。

　　注册界面采用约束布局。布局容器中有文本框、输入框、单选按钮、复选框、下拉框和按钮六类控件。文本框设置显示文字、文字大小和文字颜色。输入框设置 id、提示语和输入类型。按钮设置 id、显示文字和文字大小。单选按钮组和单选按钮设置 id、显示文字和文字大小。复选框设置 id、显示文字和文字大小。注册界面布局文件代码如下，请填写空白处。

```
<androidx.constraintlayout.widget.ConstraintLayout
        布局引用及配置为自动生成代码，省略
tools:context=".RegistActivity">
<TextView
    android:id="@+id/txt_reg_title"
    android:text="注册"
    android:textSize="50sp"
                        />      <!--请添加其他属性配置-->
_____
<TextView
```

```
        android:id="@+id/txt_reg_usr"
        android:text="账号: "
                              />          <!--请添加其他属性配置-->
<EditText
        android:id="@+id/edt_reg_usr"
        android:hint="请输入账号"
                              />          <!--请添加其他属性配置-->
<TextView
        android:id="@+id/txt_reg_pwd"
        android:text="密码: "
                              />          <!--请添加其他属性配置-->
<EditText
        android:id="@+id/edt_reg_pwd"
        android:hint="请输入密码"
                              />          <!--请添加其他属性配置-->
<RadioGroup
        android:id="@+id/rg_reg_grades"
                              />          <!--请添加其他属性配置-->
        <RadioButton
            android:id="@+id/rb_reg_freshman"
            android:layout_width="match_parent"
            android:layout_height="wrap_content"
            android:layout_marginRight="10dp"
            android:paddingRight="10dp"
            android:text="大一" />
                                          <!--请添加其他两个单选按钮属性配置-->
</RadioGroup>
<TextView
        android:id="@+id/txt_loc"
        android:text="校区: "
                              />          <!--请添加其他属性配置-->
<Spinner
        android:id="@+id/spin_loc"
                              />          <!--请添加其他属性配置-->
<TextView
        android:id="@+id/txt_hob"
        android:text="爱好: "
                              />          <!--请添加其他属性配置-->
<CheckBox
        android:id="@+id/chk_reg_gym"
        android:text="体育"
                              />          <!--请添加其他属性配置-->
                                          <!--请添加其他复选框属性配置-->
<Button
        android:id="@+id/btn_reg_ok"
        android:text="确定"
```

```
                                          />        <!--请添加其他属性配置-->
        <Button
            android:id="@+id/btn_reg_reset"
            android:text="重置"
                                          />        <!--请添加其他属性配置-->
    </androidx.constraintlayout.widget.ConstraintLayout>
```

图 6-3　注册界面布局设计示意图

6.2.2　注册控制

资料	章节	引导问题
应用栏	4.6.1	如何设置应用栏返回图标
输入框	4.4.3	如何从输入框取值
单选按钮组和单选按钮	4.4.6	如何从单选按钮取值
复选框	4.4.7	如何从复选框取值
下拉框	4.4.10	如何从下拉框取值
按钮	4.4.4	响应点击调用什么方法
SQLite 数据库添加操作	4.14.2	如何添加用户信息到 SQLite 数据库
启动 Activity	4.12.6	如何切换界面

进行控制操作前，开发者需要定义输入框、单选按钮组和单选按钮、复选框、下拉框以及按钮变量，一般使用私有全局变量，并与输入框、单选按钮组和单选按钮、复选框、下拉框以及按钮绑定。

按钮响应点击操作调用按钮的 setOnClickListener()方法，参数选用匿名内部类。

由于按钮点击操作会保存数据到 **SQLlite** 数据库，需预先建立用户信息相关的 **SQLite** 数据库、表及对应的用户信息操作类。

注册界面控制文件代码如下，请填写空白处。

```java
public class RegistActivity extends AppCompatActivity {
_____
                                          //定义布局元素变量
    @Override
    protected void onCreate(Bundle savedInstanceState) {
        super.onCreate(savedInstanceState);
        setContentView(R.layout.activity_regist);
_____
                                          //注册绑定布局元素
        ActionBar actionBar = getSupportActionBar();
        actionBar.setDisplayHomeAsUpEnabled(true);
        btn_reg_ok.setOnClickListener(new View.OnClickListener() {
            @Override
            public void onClick(View v) {
                UserSQLiteDAO usedao = new UserSQLiteDAO(v.getContext());
                ContentValues cv = new ContentValues();
                cv.put("user_name",edt_reg_usr.getText().toString());
                cv.put("user_password",edt_reg_pwd.getText().
toString());
                cv.put("user_loc",spin_loc.getSelectedItem().
toString());
                RadioButton radioButton = rg_reg_grades
.findViewById(rg_reg_grades.getCheckedRadioButtonId());
                cv.put("user_grade",radioButton.getText().toString());
                List<CheckBox> chklist = new ArrayList<CheckBox>();
                chklist.add(chk_reg_gym);
_____
                                          //其他复选框
                String hob = "";
                for(CheckBox checkBox : chklist){           //取复选框的值
                    if(checkBox.isChecked()){
                        if(hob == ""){
                            hob = checkBox.getText().toString();
                        }else {
                            hob = hob + "," + checkBox.getText().toString();
                        }
                    }
                }
                cv.put("user_hob",hob);
                cv.put("user_date",usedao.date2String(new Date()));
                                          //取时间
```

```
                    usedao.insert(cv);
                    Intent intent = new Intent(_____ , _____);
                    startActivity(intent);
                }
            });
        }
    }
```

应用程序注册界面运行效果如图 6-4 所示。

图 6-4　应用程序注册界面运行效果

6.3　任务 3：数据管理首界面

任务目标	设计和建立应用程序数据管理首界面		
任务难度	★★★		
步骤序号	内容	问题	解决方法
1	设计数据管理首界面布局		
2	数据管理首界面控制		
开始时间		完成情况	
结束时间		完成人	

6.3.1 设计数据管理首界面布局

资料	章节	引导问题
网格控件	4.4.11	网格控件 id 前缀是什么 如何设置网格控件其他属性？例如：列数，每列宽度等

数据管理首界面使用网格控件显示所有子模块入口，也可以在屏幕顶部的标题栏应用菜单显示子模块入口。实际应用中两者任选其一即可。

数据管理首界面布局设计如图 6-5 所示。

图 6-5　数据管理首界面布局设计示意图

数据管理首界面采用约束布局。布局容器中有文本框和网格控件等类型控件。网格控件设置 id 和列数。文本框设置显示文字、文字大小和文字颜色。

数据管理首界面布局文件代码如下，请填写空白处

```
<androidx.constraintlayout.widget.ConstraintLayout
        布局引用及配置为自动生成代码，省略
    tools:context=".MainManageActivity">
    <TextView
        android:id="@+id/txt_main_title"
        android:text="湖交新生校园助手数据管理"
        _____ />          <!--请添加其他属性配置-->
    <GridView
```

```
            android:id="@+id/grid_main"
        _____ />          <!--请添加其他属性配置-->
    <TextView
        android:id="@+id/txt_main_usr"
        android:text="用户名"
        _____ />          <!--请添加其他属性配置-->
</androidx.constraintlayout.widget.ConstraintLayout>
```

6.3.2　数据管理首界面控制

资料	章节	引导问题
样式文件	4.2.2	如何调用样式文件
网格控件	4.4.11	网格控件条目响应点击调用什么方法
选项菜单	4.7.2	如何配置选项菜单
新建 Activity	4.1.3	新建哪个 Activity，作用是什么
启动 Activity	4.12.6	如何切换界面 需要传递什么数据

数据管理各子模块入口显示使用网格控件。进行控制操作前，开发者需要定义网格控件变量，一般使用私有全局变量，并与网格控件绑定。

网格控件需要数据适配器，数据管理首界面中网格控件选用简单数据适配器。数据源可使用模拟数据、数据库数据或服务器数据。

网格控件需要定义每个条目显示的样式文件，名称为 item_grid_main_manage。此样式采用约束布局。布局容器中有文本框和图片按钮控件。文本框设置 id、显示文字、文字大小和文字颜色。图片按钮设置 id、高度、宽度和显示图片。样式文件布局设计如图 6-6 所示。

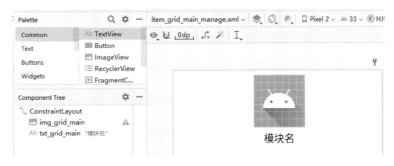

图 6-6　数据管理首界面网格控件条目样式文件布局设计示意图

样式文件代码如下，请填写空白处。

```
<androidx.constraintlayout.widget.ConstraintLayout
            布局引用及配置为自动生成代码，省略
    >
    <ImageView
        android:id="@+id/img_grid_main"
```

```
_____ />        <!--请添加其他属性配置-->
<TextView
    android:id="@+id/txt_grid_main"
    android:text="模块名"
    _____ />        <!--请添加其他属性配置-->
</androidx.constraintlayout.widget.ConstraintLayout>
```

选项菜单配置有两种方式，菜单配置文件配置和控制文件配置。数据管理首界面选项菜单的菜单配置文件名称为 main_manage_menu，代码如下。

```xml
<menu xmlns:android="http://schemas.android.com/apk/res/android">
    <item android:id="@+id/freshman" android:title="新生指南"></item>
    <item android:id="@+id/department" android:title="院系介绍"></item>
    <item android:id="@+id/club" android:title="社团介绍"></item>
    <item android:id="@+id/cates" android:title="美食介绍"></item>
    <item android:id="@+id/trip" android:title="出行介绍"></item>
    <item android:id="@+id/study" android:title="学习实训"></item>
</menu>
```

数据管理首界面控制文件代码如下，请填写空白处。

```java
public class MainManageActivity extends AppCompatActivity {
    _____         //定义布局元素变量
    private MainManageData manageData = new MainManageData();
    @Override
    protected void onCreate(Bundle savedInstanceState) {
        super.onCreate(savedInstanceState);
        setContentView(R.layout.activity_main_manage);
        _____         //注册绑定布局元素
        ActionBar actionBar = getSupportActionBar();
        actionBar.setDisplayHomeAsUpEnabled(true);
        SimpleAdapter gridViewAdapter = new SimpleAdapter(this,
manageData.getData(),R.layout.item_grid_main_manage, new String[]{"img",
"name"}, new int[]{R.id.img_grid_main, R.id. txt_grid_main});
        grid_main.setAdapter(gridViewAdapter);
        Intent intent = getIntent();
        String user = intent.getStringExtra("user");
        if(user != null){
            txt_main_usr.setText("欢迎" +user+ "进入胡椒 o(∩_∩)o");
        }
        grid_main.setOnItemClickListener(new AdapterView.OnItem
ClickListener() {
            @Override
```

```
            public void onItemClick(AdapterView<?> parent, View view, int
position, long id) {
                switch (position){
                    case 0:
                        Intent intent = new Intent(_____ , _____);
                        startActivity(intent);
                        break;
                    _____          //其他子模块条目的操作
                }
            }
        });
    }
    @Override
    public boolean onCreateOptionsMenu(Menu menu) {
                                        //两种菜单配置方式任选一种
        getMenuInflater().inflate(_____,menu);
        menu.add(1,1,1,"新生指南");
        menu.add(1,2,2,"院系介绍");
        menu.add(1,3,3,"社团活动");
        menu.add(1,4,4,"美食介绍");
        menu.add(1,5,5,"出行介绍");
        menu.add(1,6,6,"学习实训");
        return super.onCreateOptionsMenu(menu);
    }
    @Override
    public boolean onOptionsItemSelected(@NonNull MenuItem item) {
        switch (item.getItemId()){
            case android.R.id.home:
                Intent intent = new Intent(MainManageActivity.this,
MainActivity.class);
                startActivity(intent);
                break;
            case 1:
                Intent intent1 = new Intent(_____ , _____);
                startActivity(intent1);
                break;
                _____          //其他菜单的操作
        }
        return super.onOptionsItemSelected(item);
    }
}
```

应用程序数据管理首界面运行效果如图 6-7 所示。

图 6-7　应用程序数据管理首界面运行效果

6.4　任务 4：新生指南数据管理界面

任务目标	设计和建立应用程序新生指南数据管理界面		
任务难度	★★★		
步骤序号	内容	问题	解决方法
1	设计新生指南数据管理界面布局		
2	新生指南数据管理界面控制		
开始时间		完成情况	
结束时间		完成人	

6.4.1　设计新生指南数据管理界面布局

资料	章节	引导问题
帧布局	4.3.3	帧布局 id 前缀是什么 如何调整帧布局其他属性？例如：高度、宽度、位置等
文本框	4.4.1	文本框属性如何配置？例如：显示文字、文字大小、附属图等

新生指南数据管理界面使用帧布局与选项菜单菜单组合显示所有新生指南数据管理内容，帧布局中放置新生指南数据管理各子模块的 Fragment。

新生指南数据管理界面布局设计如图 6-8 所示。

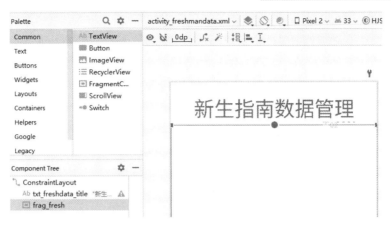

图 6-8　新生指南数据管理界面布局设计示意图

新生指南数据管理界面采用约束布局容器。布局容器中有文本框和帧布局等类型布局元素。帧布局设置 id、高度和宽度。文本框设置显示文字和文字大小。新生指南数据管理界面布局文件代码如下，请填写空白处。

```
<androidx.constraintlayout.widget.ConstraintLayout
          布局引用及配置为自动生成代码，省略
    tools:context=".FreshmandataActivity">
    <TextView
        android:id="@+id/txt_freshdata_title"
        android:text="新生指南数据管理"
        _____ />        <!--请添加其他属性配置-->
    <FrameLayout
        android:id="@+id/frag_fresh"
        _____ />        <!--请添加其他属性配置-->
</androidx.constraintlayout.widget.ConstraintLayout>
```

6.4.2　新生指南数据管理界面控制

资料	章节	引导问题
Fragment	4.2.2	Fragment 如何生成 Fragment 如何注册绑定 Fragment 界面操作如何完成
菜单	4.7.1	菜单如何响应点击操作

新生指南数据管理三个子模块使用三个 Fragment 显示。进行控制操作前，开发者需要定义三个 Fragment 变量，一般使用私有全局变量，并与 Fragment 绑定。

Fragment 需要定义对应的布局文件，三个子模块对应的 Fragment 名称分别为 FreshEntrollFragment、FreshUnitFragment 和 FreshInfraFragment。Fragment 采用帧布局，布局容器中可嵌套约束布局，其内容自行设计。

新生指南数据管理的三个子模块通过菜单进行切换。菜单使用菜单配置文件方式配置，新建菜单配置文件的文件名为 freshman_manage_menu，具体代码如下。

```
<menu xmlns:android="http://schemas.android.com/apk/res/android">
    <item android:id="@+id/entroll" android:title="入学流程"></item>
    <item android:id="@+id/unit" android:title="学校部门"></item>
    <item android:id="@+id/intre" android:title="校园设施"></item>
</menu>
```

新生指南数据管理界面控制文件代码如下，请填写空白处。

```
public class FreshmandataActivity extends AppCompatActivity {
    @Override
    protected void onCreate(Bundle savedInstanceState) {
        super.onCreate(savedInstanceState);
        setContentView(R.layout.activity_freshmandata);
        FragmentManager fm = getSupportFragmentManager();
        FragmentTransaction ft = fm.beginTransaction();
        ft.replace(R.id.frag_fresh,new FreshEntrollFragment());
        ft.commit();
    }
    @Override
    public boolean onCreateOptionsMenu(Menu menu) {
        _____    //引用菜单配置文件或直接新建菜单
        return super.onCreateOptionsMenu(menu);
    }
    @Override
    public boolean onOptionsItemSelected(@NonNull MenuItem item) {
        FragmentManager fm = getSupportFragmentManager();
        FragmentTransaction ft = fm.beginTransaction();
        switch (item.getItemId()){
            case R.id.entroll:
                _____    //配置 Fragment
                break;
            case R.id.unit:
                _____    //配置 Fragment
                break;
            case R.id.intre:
                _____    //配置 Fragment
                break;
        }
        _____    //提交 Fragment
        return super.onOptionsItemSelected(item);
    }
}
```

应用程序新生指南数据管理界面运行效果见 6.5 节任务 5。

6.5　任务 5：入学流程数据管理 Fragment

任务目标	设计和建立应用程序入学流程数据管理 Fragment		
任务难度	★★★		
步骤序号	内容	问题	解决方法
1	设计入学流程数据管理 Fragment 布局		
2	入学流程数据管理 Fragment 控制		
开始时间		完成情况	
结束时间		完成人	

6.5.1　设计入学流程数据管理 Fragment 布局

资料	章节	引导问题
文本框	4.4.1	如何设置文本框属性？例如：显示文字、文字大小、文字颜色等
输入框	4.4.3	如何设置输入框属性？例如：提示语、附属图等
按钮	4.4.4	如何设置按钮属性？例如：显示文字、文字大小等

入学流程数据管理 Fragment 使用多行输入框取值。测试文本框使用带滚动条文本框。以使用一个文本框、一个多行输入框、一个按钮和一个带滚动条文本框构成入学流程数据管理 Fragment 为例。

入学流程数据管理 Fragment 布局设计如图 6-9 所示。

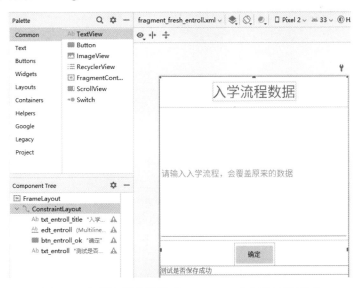

图 6-9　入学流程数据管理 Fragment 布局设计示意图

入学流程数据管理 Fragment 布局文件代码如下，请填写空白处。

```
<FrameLayout
```
布局引用及配置为自动生成代码，省略

```
        tools:context=".FreshEntrollFragment">
        <androidx.constraintlayout.widget.ConstraintLayout
            android:layout_width="match_parent"
            android:layout_height="match_parent">
            <TextView
                android:id="@+id/txt_entroll_title"
                android:text="入学流程数据"
                _____ />        <!--请添加其他属性配置-->
            <EditText
                android:id="@+id/edt_entroll"
                android:inputType="_____"
                android:hint="请输入入学流程，会覆盖原来的数据"
                _____ />        <!--请添加其他属性配置-->
            <Button
                android:id="@+id/btn_entroll_ok"
                android:text="确定"
                _____ />        <!--请添加其他属性配置-->
            <TextView
                android:id="@+id/txt_entroll"
                android:text="测试是否保存成功"
                _____ />        <!--请添加其他属性配置-->
        </androidx.constraintlayout.widget.ConstraintLayout>
    </FrameLayout>
```

6.5.2 入学流程数据管理 Fragment 控制

资料	章节	引导问题
输入框	4.4.3	如何从输入框取值
按钮	4.4.4	响应点击调用什么方法
SharedPreferences 添加操作	4.14.1	如何添加用户信息到 SharedPreferences 中

进行控制操作前，开发者需要定义多行输入框、按钮以及带滚动条文本框变量，一般使用私有全局变量，并与多行输入框、按钮以及带滚动条文本框绑定。

按钮响应点击操作调用按钮的 setOnClickListener() 方法，参数选用匿名内部类。按钮点击操作会保存数据到 SharedPreferences。带滚动条文本框需要激活滚动条。

入学流程数据管理 Fragment 控制文件代码如下，请填写空白处。

```
    public class FreshEntrollFragment extends Fragment {
    @Override
        public View onCreateView(LayoutInflater inflater, ViewGroup
container, Bundle savedInstanceState) {
            View view = inflater.inflate(R.layout.fragment_fresh_
entroll, container, false);
```

```
EditText edt_entroll = view.findViewById(R.id.edt_entroll);
Button btn_entroll_ok = view.findViewById(R.id.btn_entroll_ok);
TextView txt_entroll = view.findViewById(R.id.txt_entroll);
btn_entroll_ok.setOnClickListener(new View.OnClickListener() {
    @Override
    public void onClick(View view) {
        SharedPreferences sp_entroll = _____;
        SharedPreferences.Editor editor = _____;
        editor.putString("stage",edt_entroll.getText().toString());
        editor.commit();
        edt_entroll.setText("");
        String entrollstr = sp_entroll.getString("stage",
"无数据");

        txt_entroll.setText(entrollstr);
        _____        //激活文本框滚动条

    }
});
return view;
}
}
```

应用程序新生指南数据管理界面及入学流程数据管理 Fragment 运行效果如图 6-10 所示。

图 6-10 应用程序新生指南数据管理界面及入学流程数据管理 Fragment 运行效果

6.6 任务 6：社团活动数据管理界面

任务目标	设计和建立应用程序社团活动数据管理界面		
任务难度	★★		
步骤序号	内容	问题	解决方法
1	设计社团活动数据管理界面布局		
2	社团活动数据管理子模块点击显示		
开始时间		完成情况	
结束时间		完成人	

6.6.1 设计社团活动数据管理界面布局

资料	章节	引导问题
帧布局	4.3.3	帧布局控件 id 前缀是什么 如何调整帧布局其他属性？例如：高度、宽度、位置等
按钮	4.4.4	按钮属性如何配置？例如：显示文字、文字大小、文字颜色等
链式约束组	4.3.1	链式约束组作用是什么 链式约束组如何生成

社团活动数据管理界面采用约束布局。布局容器中有文本框、帧布局以及按钮等类型布局元素。文本框设置显示文字和文字大小。帧布局设置 id、高度和宽度。按钮设置 id、显示文字、文字大小和文字颜色。三个按钮采用链式约束组的 spread 方式显示。

社团活动数据管理界面使用帧布局与按钮组合显示社团介绍、社团通知以及社团新闻子模块的数据管理内容，帧布局中放置三个子模块 Fragment。使用对应的按钮切换子模块 Fragment。

社团活动数据管理界面布局设计如图 6-11 所示。

图 6-11　社团活动数据管理界面布局设计示意图

社团活动数据管理界面布局文件代码如下，请填写空白处。

```
<androidx.constraintlayout.widget.ConstraintLayout
        布局引用及配置为自动生成代码，省略
    tools:context=".ClubsdataActivity">
    <TextView
        android:text="社团介绍数据管理"
        _____ />        <!--请添加其他属性配置-->
    <FrameLayout
        android:id="@+id/frag_clubsdata"
        _____ />        <!--请添加其他属性配置-->
    </FrameLayout>
    <Button
        android:id="@+id/btn_clublist"
        android:text="社团介绍"
        _____ />        <!--请添加其他属性配置-->
    <Button
        android:id="@+id/btn_clubevent"
        android:text="社团通知"
        _____ />        <!--请添加其他属性配置-->
    <Button
        android:id="@+id/btn_clubphoto"
        android:text="社团新闻"
        _____ />        <!--请添加其他属性配置-->
</androidx.constraintlayout.widget.ConstraintLayout>
```

6.6.2　社团活动数据管理子模块点击显示

资料	章节	引导问题
Fragment	4.5.1	Fragment 如何生成 Fragment 如何注册绑定 Fragment 界面操作如何完成
按钮	4.4.4	按钮如何响应点击操作

社团活动数据管理子模块使用三个 Fragment 和三个按钮显示。进行控制操作前，开发者需要定义三个 Fragment 变量和三个按钮变量，一般使用私有全局变量，并与 Fragment 及按钮绑定。

Fragment 需要定义对应的布局文件，社团介绍、社团通知以及社团新闻子模块对应的 Fragment 名称分别为 ClublistdataFragment、ClubeventdataFragment 和 ClubphotodataFragment。这些 Fragment 采用帧布局，包含社团介绍、社团通知以及社团新闻各自数据管理的内容。

社团活动数据管理界面控制文件代码如下，请填写空白处。

```
public class ClubsdataActivity extends AppCompatActivity {
```

```
                                          //定义按钮变量
@Override
protected void onCreate(Bundle savedInstanceState) {
    super.onCreate(savedInstanceState);
    setContentView(R.layout.activity_clubsdata);
    _____                   //注册绑定按钮
    btn_clublist.setTextColor(Color.RED);
    FragmentManager fm = getSupportFragmentManager();
    FragmentTransaction ft = fm.beginTransaction();
    ft.replace(R.id.frag_clubsdata,new ClublistdataFragment());
    ft.commit();
    btn_clublist.setOnClickListener(new Click());
    btn_clubevent.setOnClickListener(new Click());
    btn_clubphoto.setOnClickListener(new Click());
}
private class Click implements View.OnClickListener {
    @Override
    public void onClick(View view) {
        btn_clublist.setTextColor(Color.BLACK);
        btn_clubevent.setTextColor(Color.BLACK);
        btn_clubphoto.setTextColor(Color.BLACK);
        FragmentManager fm = getSupportFragmentManager();
        FragmentTransaction ft = fm.beginTransaction();
        switch (view.getId()) {
            case R.id.btn_clublist:
                _____         //改变按钮文字颜色
                _____         //切换 Fragment
                break;
            case R.id.btn_clubevent:
                _____

                _____
                break;
            case R.id.btn_clubphoto:
                _____

                _____
                break;
        }
        ft.commit();
    }
}
```

应用程序社团活动数据管理界面运行效果见 6.8 节任务 8。

6.7　任务 7：社团介绍数据管理 Fragment

任务目标	设计和建立应用程序社团介绍数据管理 Fragment		
任务难度	★★★		
步骤序号	内容	问题	解决方法
1	设计社团介绍数据管理 Fragment 布局		
2	社团介绍数据管理 Fragment 控制		
开始时间		完成情况	
结束时间		完成人	

6.7.1　设计社团介绍数据管理 Fragment 布局

资料	章节	引导问题
标签控件	4.5.3	如何配置标签控件其他属性？例如：高度、宽度、位置等
帧布局	4.3.3	如何调整帧布局其他属性？例如：高度、宽度、位置等

社团介绍数据管理 Fragment 采用帧布局。布局容器中有标签控件和帧布局等类型布局元素。标签控件设置 id、高度和宽度。帧布局设置 id、高度和宽度。

社团介绍数据管理 Fragment 使用标签控件与帧布局组合显示社团介绍数据管理相关内容，帧布局中放置社团介绍数据管理相关内容的 Fragment，例如社团介绍数据的添加和查看。

社团介绍数据管理 Fragment 布局设计如图 6-12 所示。

图 6-12　社团介绍数据管理 Fragment 布局设计示意图

社团介绍数据管理 Fragment 布局文件代码如下，请填写空白处。

```
<FrameLayout
        布局引用及配置为自动生成代码，省略
    tools:context=".ClublistdataFragment">
    <com.google.android.material.tabs.TabLayout
        android:id="@+id/tab_clublistdata"
        android:layout_width="match_parent"
        android:layout_height="wrap_content"/>
```

```
                <!-- TabItem 内容可删除，在控制文件中配置-->
        <FrameLayout
            android:id="@+id/frag_clublistdata"
        _____  />        <!--请添加其他属性配置-->
        </FrameLayout>
    </FrameLayout>
```

6.7.2 社团介绍数据管理 Fragment 控制

资料	章节	引导问题
Fragment	4.5.1	Fragment 如何生成 Fragment 如何注册绑定 Fragment 界面操作如何完成
标签控件	4.5.3	标签控件如何赋值 标签控件响应点击操作调用什么方法 标签控件如何与 Fragment 关联

数据添加和数据查看使用两个 Fragment 和一个标签控件显示。进行控制操作前，开发者需要定义两个 Fragment 变量和一个标签控件变量，一般使用私有全局变量，并与 Fragment 及标签控件绑定。

Fragment 需要定义对应的布局文件，数据添加和数据查看对应的 Fragment 名称分别为 ClublistinsFragment 和 ClublistqueFragment。这些 Fragment 布局采用帧布局，包含添加数据和查看数据等内容。

社团介绍数据管理 Fragment 控制文件代码如下，请填写空白处。

```
public class ClublistdataFragment extends Fragment {
    private static final String ARG_PARAM1 = "param1";
    private String mParam1;
    @Override
    public void onCreate(Bundle savedInstanceState) {
        super.onCreate(savedInstanceState);
        if (getArguments() != null) {
            mParam1 = getArguments().getString(ARG_PARAM1);
        }
    }

    @Override
    public View onCreateView(LayoutInflater inflater, ViewGroup
container, Bundle savedInstanceState) {
        View view =inflater.inflate(R.layout.fragment_clublistdata,
container, false);
        TabLayout tab_clublist = view.findViewById(R.id.tab_
clublistdata);
        String[] tabtitle = {"添加","查看"};
```

```
            Fragment[] fragments = {new ClublistinsFragment(),new
ClublistqueFragment()};
            _____          //显示数据添加 Fragment 内容
            List<Fragment> fraglist = new ArrayList<>();
            for(int i=0;i<tabtitle.length;i++){
                tab_clublist.addTab(tab_clublist.newTab().setText
(tabtitle[i]));
                fraglist.add(fragments[i]);
            }
            if(mParam1=="que"){
                tab_clublist.getTabAt(1).select();
                _____          //刷新并显示数据查看 Fragment 的内容
            }
        tab_clublist.addOnTabSelectedListener(new TabLayout.OnTab
SelectedListener() {
                @Override
                public void onTabSelected(TabLayout.Tab tab) {
                    FragmentManager fm = getParentFragmentManager();
                    FragmentTransaction ft = fm.beginTransaction();
                    ft.replace(R.id.frag_clublistdata,fraglist.get(tab.
getPosition()));
                    ft.commit();
                }
                以下代码为自动生成代码，省略
        });
        return view;
    }
}
```

应用程序社团介绍数据管理 Fragment 运行效果见 6.8 节任务 8。

6.8　任务 8：社团介绍数据添加 Fragment

任务目标	设计和建立应用程序社团介绍数据添加 Fragment		
任务难度	★★★★		
步骤序号	内容	问题	解决方法
1	设计社团介绍数据添加 Fragment 布局		
2	社团介绍数据添加 Fragment 控制		
开始时间		完成情况	
结束时间		完成人	

6.8.1 设计社团介绍数据添加 Fragment 布局

资料	章节	引导问题
文本框	4.4.1	如何设置文本框属性？例如：显示文字、文字大小、文字颜色等
输入框	4.4.3	如何设置输入框属性？例如：提示语、附属图等
图片框	4.4.2	如何设置图片框属性？例如：高度、宽度、显示图片等
按钮	4.4.4	如何设置按钮属性？例如：显示文字、文字大小等

社团介绍数据添加 Fragment 使用图片框、输入框和多行输入框取值。以使用四个文本框、一个图片框、一个输入框、一个多行输入框和一个按钮构成数据添加 Fragment 为例。

社团介绍数据添加 Fragment 布局设计如图 6-13 所示。

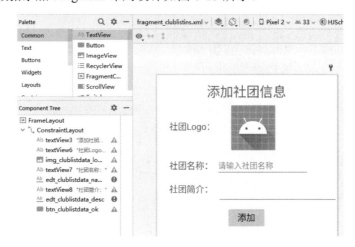

图 6-13 社团介绍数据添加 Fragment 布局设计示意图

社团介绍数据添加 Fragment 布局文件代码如下。其中标识类文本框均未修改 id。

```
<FrameLayout
        布局引用及配置为自动生成代码，省略
    tools:context=".ClublistinsFragment">
    <androidx.constraintlayout.widget.ConstraintLayout
        android:layout_width="match_parent"
        android:layout_height="match_parent">
    <TextView
        android:id="@+id/textView3"
        android:text="添加社团信息"
        _____ />        <!--请添加其他属性配置-->
    <TextView
        android:id="@+id/textView6"
        android:text="社团 Logo: "
        _____ />        <!--请添加其他属性配置-->
    <ImageView
        android:id="@+id/img_clublistdata_logo"
```

```
                        />          <!--请添加其他属性配置-->
        <TextView
            android:id="@+id/textView7"
            android:text="社团名称: "
                        />          <!--请添加其他属性配置-->
        <EditText
            android:id="@+id/edt_clublistdata_name"
                        />          <!--请添加其他属性配置-->
        <TextView
            android:id="@+id/textView8"
            android:text="社团简介: "
                        />          <!--请添加其他属性配置-->
        <EditText
            android:id="@+id/edt_clublistdata_desc"
                        />          <!--请添加其他属性配置-->
        <Button
            android:id="@+id/btn_clublistdata_ok"
            android:text="添加"
                        />          <!--请添加其他属性配置-->
    </androidx.constraintlayout.widget.ConstraintLayout>
</FrameLayout>
```

6.8.2　社团介绍数据添加 Fragment 控制

资料	章节	引导问题
图片框	4.4.2	如何从界面中选取图片
文件资源获取	4.15.4	如何获取图片的有效 Uri
输入框	4.4.3	如何从输入框取值
按钮	4.4.4	响应点击调用什么方法
SQLite 数据库添加操作	4.14.2	如何添加社团介绍信息到 SQLite 数据库中

进行控制操作前，开发者需要定义图片框、输入框、多行输入框和按钮变量，一般使用私有全局变量，并与图片框、输入框、多行输入框和按钮绑定。

按钮响应点击操作调用按钮的 setOnClickListener()方法，参数选用匿名内部类。按钮点击操作会保存数据到 SQLite 数据库。存储的图片信息为图片的 Uri。

需预先建立社团介绍对应的 SQLite 数据库、表及社团介绍信息操作类。

社团介绍数据添加 Fragment 控制文件代码如下，请填写空白处。

```
public class ClublistinsFragment extends Fragment {
    private Uri imguri;
    @Override
    public View onCreateView(LayoutInflater inflater, ViewGroup
container, Bundle savedInstanceState) {
        View view =inflater.inflate(R.layout.fragment_clublistins,
```

```
container, false);
                                                    //定义并注册绑定对应的控件
            ActivityResultLauncher launcher = registerForActivity
Result(new ActivityResultContracts.OpenDocument(), new ActivityResult
Callback<Uri>() {
                @Override
                public void onActivityResult(Uri result) {
                    try {                            //取图片 Uri 时需要持久化权限
                        getActivity().getContentResolver().takePersistable
UriPermission(result, Intent.FLAG_GRANT_READ_URI_PERMISSION);
                        Bitmap bitmap = BitmapFactory.decodeStream(_____);
                        img_clublistdata_logo.setImageBitmap(bitmap);
                        imguri = result;
                    } catch (FileNotFoundException e) {
                        e.printStackTrace();
                    }
                }
            });
            img_clublistdata_logo.setOnClickListener(new View.OnClick
Listener() {
                @Override
                public void onClick(View view) {
                    launcher.launch(new String[]{"image/*"});
                }
            });
            btn_clublistdata_ok.setOnClickListener(new View.OnClick
Listener() {
                @Override
                public void onClick(View view) {
                    ClubSQLiteDAO clubdao = new ClubSQLiteDAO(getContext());
                    ContentValues cv = new ContentValues();
                    _____    //按数据表中的字段建立数据源
                    clubdao.insert(cv);
        //添加数据成功后，进入数据查询 Fragment 查看结果，使用参数从上级 Fragment 调用
                    FragmentManager fm = getParentFragmentManager();
                    FragmentTransaction ft = fm.beginTransaction();
                    ClublistdataFragment clublistdataFragment = new
ClublistdataFragment();
                    Bundle bundle = new Bundle();
                    bundle.putString("param1","que");
                    clublistdataFragment.setArguments(bundle);
                    ft.replace(R.id.frag_clubsdata,clublistdataFragment);
                    ft.commit();
                }
            });
            return view;
```

```
        }
    }
```

应用程序社团活动数据管理界面及社团介绍数据管理Fragment运行效果如图6-14所示。

图 6-14　应用程序社团活动数据管理界面及社团介绍数据管理 Fragment 运行效果

6.9　任务 9：出行介绍数据管理界面

任务目标	设计和建立应用程序出行介绍数据管理界面		
任务难度	★★★★		
步骤序号	内容	问题	解决方法
1	设计出行介绍数据管理界面布局		
2	出行介绍数据管理界面控制		
	出行介绍数据按名称搜索		
开始时间		完成情况	
结束时间		完成人	

6.9.1　设计出行介绍数据管理界面布局

资料	章节	引导问题
列表控件	4.4.12	如何调整列表控件其他属性？例如：高度、宽度、位置等
输入框	4.4.3	如何配置输入框输入类型
图片按钮	4.4.5	图片按钮属性如何配置？例如：显示图片等
文本框	4.4.1	文本框属性如何配置？例如：显示文字、文字大小等

出行介绍数据管理界面使用列表控件显示所有出行信息，使用输入框和图片按钮按名称搜索出行目的地相关信息。

出行介绍数据管理界面布局设计如图 6-15 所示。

图 6-15　出行介绍数据管理界面布局设计示意图

出行介绍数据管理界面采用约束布局。布局容器中有文本框、输入框、图片按钮和列表控件等类型控件。列表控件设置 id、高度和宽度。文本框设置显示文字、文字大小和文字颜色。图片按钮设置 id 和显示图片。输入框设置 id、提示语和输入类型。出行介绍数据管理界面布局文件代码如下，请填写空白处。

```
<androidx.constraintlayout.widget.ConstraintLayout
            布局引用及配置为自动生成代码，省略
    tools:context=".TripsurldataActivity">
    <TextView
        android:text="出行介绍数据管理界面"
        _____ />        <!--请添加其他属性配置-->
    <EditText
        android:id="@+id/edt_tripdataque"
        android:hint="请输入出行目的地名称"
        _____ />        <!--请添加其他属性配置-->
    <ImageButton
        android:id="@+id/imgbtn_tripdataque"
        _____ />        <!--请添加其他属性配置-->
    <ListView
        android:id="@+id/list_tripsdata"
        _____ />        <!--请添加其他属性配置-->
</androidx.constraintlayout.widget.ConstraintLayout>
```

6.9.2　出行介绍数据管理界面控制

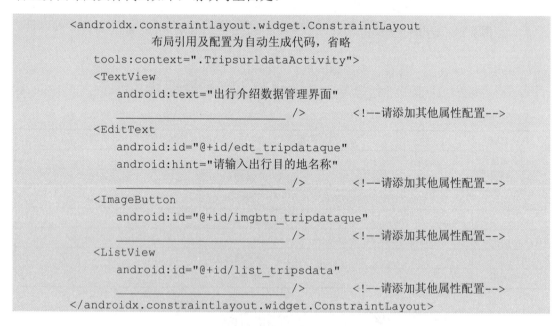

资料	章节	引导问题
选项菜单	4.7.2	如何设置可见属性
上下文菜单	4.7.4	如何关联上下文菜单和布局元素 如何获取关联布局元素的值

续表

资料	章节	引导问题
样式文件	4.2.2	如何调用样式文件
列表控件	4.4.12	列表控件条目响应点击调用什么方法
对话框	4.8.1	对话框如何处理操作
Thread	4.13.1	哪种情况下使用 Thread
Handler	4.13.2	Handler 的 post()方法是子线程么？作用是什么
HttpURLConnection	4.17.2	HttpURLConnection 查询操作怎么完成
新建 Activity	4.1.3	新建哪个 Activity，作用是什么
启动 Activity	4.12.6	如何切换界面 需要传递什么数据

出行介绍数据管理界面使用列表控件显示出行信息，使用输入框和图片按钮进行搜索。进行控制操作前，开发者需要定义列表控件、输入框和图片按钮变量，一般使用私有全局变量，并与列表控件、输入框以及图片按钮绑定。

列表控件需要数据适配器，出行介绍数据管理界面中列表控件选用继承于基础数据适配器的自定义数据适配器。

列表控件需要定义每个条目显示的样式文件，名称为 item_list_tripurl。此样式采用约束布局。布局容器中有文本框和图片框。出行目的地名称文本框设置 id、显示文字、文字大小和文字颜色。出行目的地类型文本框设置 id、显示文字、文字大小和文字颜色。出行目的地介绍文本框设置 id、显示文字、文字大小、文字颜色和显示行数。图片框设置 id、高度、宽度和显示图片。出行介绍数据管理界面列表控件条目样式文件布局设计如图 6-16 所示。

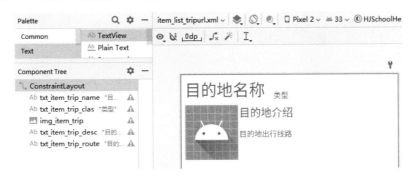

图 6-16　出行介绍数据管理界面列表控件条目样式文件布局设计示意图

样式文件代码如下，请填写空白处。

```
<androidx.constraintlayout.widget.ConstraintLayout
            布局引用及配置为自动生成代码，省略
    >
    <TextView
        android:id="@+id/txt_item_trip_name"
        android:text="目的地名称"
        _____  />        <!--请添加其他属性配置-->
    <TextView
```

```
        android:id="@+id/txt_item_trip_clas"
        android:text="类型"
        _____ />        <!--请添加其他属性配置-->
    <ImageView
        android:id="@+id/img_item_trip"
                                    />        <!--请添加其他属性配置-->
    <TextView
        android:id="@+id/txt_item_trip_desc"
        android:text="目的地介绍"
        _____ />        <!--请添加其他属性配置-->
    <TextView
        android:id="@+id/txt_item_trip_route"
        android:text="目的地出行线路"
        _____ />        <!--请添加其他属性配置-->
</androidx.constraintlayout.widget.ConstraintLayout>
```

新建一个继承于 BaseAdapter 的类作为出行介绍数据管理界面列表控件的数据适配器，名称为 TripURLServerAdapter。自动生成相关方法后，需要做的操作是：(1)新建构造方法；(2)修改相关方法返回值；(3)定义样式文件的容器内部类；(4)在 getView()方法中引用样式文件，绑定样式文件中控件以及控件相关操作，其中图片是从服务器读取，因此使用多线程读取服务器图片，并更新条目数据。配置数据适配器代码如下，请填写空白处。

```
public class TripURLServerAdapterextends BaseAdapter {
    private List<Trip> listcates;                //集合中是 Trip 对象
    private Context context;
    CatesdataqueAdapter (Context context,List<Trip> list){
        this.context = context;
        listcates = list;
    }
    @Override
    public int getCount() {
        return _____;
    }
    @Override
    public Object getItem(int position) {
        return _____;
    }
    @Override
    public long getItemId(int position) {
        return _____;
    }
    @Override
    public View getView(int position, View view, ViewGroup viewGroup) {
        view = LayoutInflater.from(context).inflate(R.layout.item_
list_tripurl,null);
        ViewHolder vh = new ViewHolder();
```

```
                                        //注册绑定样式文件中的布局元素
        vh.name.setText(_____);//通过 Trip 对象取值
        vh.clas.setText(_____);
        Handler handler = new Handler(Looper.myLooper());
                                        //多线程读取服务器图片
    new Thread(new Runnable() {
        @Override
        public void run() {             //通过图片 Url 读取
            try {
              URL url = new URL(tripList.get(position).getTrip_
imgUrl().toString());
              HttpURLConnection connection = (HttpURLConnection) url.
openConnection();
              InputStream inputStream = connection.getInput
Stream();
              Bitmap bitmap = BitmapFactory.decodeStream
(inputStream);
              handler.post(new Runnable() {//更新条目数据
                  @Override
                  public void run() {
                      vh.img.setImageBitmap(bitmap);
                  }
              });
            } catch (IOException e) {
              e.printStackTrace();
            }
        }
    }).start();;
    vh.desc.setText(_____);
    vh.route.setText(_____);
    return view;
  }
  class ViewHolder{
    TextView name,desc,route,clas;
    ImageView img;
  }
}
```

数据源使用的是服务器数据。请预先建立服务器连接和操作的相关类及方法，可参考 4.17.2 和 7.2 任务 2。

出行介绍数据管理界面使用选项菜单作为添加操作入口，使用上下文菜单作为修改和删除操作的入口。删除操作提供了对话框作为用户进一步确认操作的方式。

按照 Android 操作系统要求，所有费时的网络操作均需在子线程中进行，案例中选取了 Thread 和 Handler 完成子线程操作。操作完毕后需要在主线程更新用户界面，案例中选取了 Handler.post()方法完成用户界面更新操作。

出行介绍数据管理界面控制文件代码如下，请填写空白处。

```
public class TripsurldataActivity extends AppCompatActivity {
    private ListView list_tripsdata;
    private List<Trip> tripserverlist;
    private Handler handler = new Handler(Looper.myLooper());
    private TripsURLSever tripsURLSever;
    private TripURLServerAdapter tripAdapter;
    @Override
    protected void onCreate(Bundle savedInstanceState) {
        super.onCreate(savedInstanceState);
        setContentView(R.layout.activity_tripsurldata);
        list_tripsdata = findViewById(R.id.list_tripsdata);
        tripserverlist = new ArrayList<>();
        ActionBar actionBar = getSupportActionBar();
        actionBar.setDisplayHomeAsUpEnabled(true);
        _____          //多线程，服务器数据操作
            tripsURLSever = new TripsURLSever(getApplication
Context());

                tripserverlist = tripsURLSever.query();
                _____      //更新用户界面
                    tripAdapter = new TripURLServerAdapter(_____ ,
_____);

                        list_tripsdata.setAdapter(tripAdapter);
                    }
                });
            }
        }
    }).start();

    _____              //注册上下文菜单，关联布局元素
    }
    @Override                                      //选项菜单
    public boolean onCreateOptionsMenu(Menu menu) {
        super.onCreateOptionsMenu(menu);
        menu.add(1,1,1,"添加");
        return true;
    }
    @Override                                      //选项菜单操作
    public boolean onOptionsItemSelected(@NonNull MenuItem item) {
        super.onOptionsItemSelected(item);
        switch (item.getItemId()){
            case android.R.id.home:
                Intent intent = new Intent(_____ , _____);
                startActivity(intent);
                break;
            case 1:
                Intent intent4 = new Intent(_____ , _____);
```

```
                    startActivity(intent4);
                    break;
            }
            return true;
        }
        @Override                                      //上下文菜单
        public void onCreateContextMenu(ContextMenu menu, View v,
ContextMenu.ContextMenuInfo menuInfo) {
            menu.add(1,1,1,"修改");
            menu.add(1,2,2,"删除");
            super.onCreateContextMenu(menu, v, menuInfo);
        }
        @Override                                      //上下文菜单操作
        public boolean onContextItemSelected(@NonNull MenuItem item) {
            AdapterView.AdapterContextMenuInfo menuInfo =
(AdapterView.AdapterContextMenuInfo) item.getMenuInfo();
            int position = menuInfo.position;
            Trip trip = tripserverlist.get(position);
            switch (item.getItemId()){
                case 1:
                    break;
                case 2:
                    AlertDialog.Builder builder = new AlertDialog.
Builder(this);
                    builder.setTitle("删除");
                    builder.setMessage("您确定删除么？");
                    builder.setPositiveButton("确定", new DialogInterface.
OnClickListener() {
                        @Override
                        public void onClick(DialogInterface dialog
Interface, int i) {
                            _____        //多线程，服务器操作
                            tripsURLSever.delete(trip.getTrip_id());
                            tripAdapter = new TripURLServerAdapter(_____ ,
tripsURLSever.query());
                            _____        //更新用户界面
                            list_tripsdata.setAdapter(tripAdapter);
                        }
                    });
                    }
                }).start();
            }
        });
        builder.setNegativeButton("取消", new DialogInterface.
```

```
OnClickListener() {
                    @Override
                    public void onClick(DialogInterface dialog
Interface, int i) {
                        dialogInterface.dismiss();
                    }
                });
                AlertDialog dialog = builder.create();
                dialog.show();
                break;
            }
            return super.onContextItemSelected(item);
        }
    }
```

6.9.3 出行介绍数据按名称搜索

资料	章节	引导问题
输入框	4.4.3	如何获取输入框内容
图片按钮	4.4.5	图片按钮响应点击操作调用什么方法
数据适配器	4.4.12	自定义数据适配器怎么配置
Thread	4.13.1	哪种情况下使用 Thread
Handler	4.13.2	Handler 的 post()方法是子线程么？作用是什么
显示列表控件内容	4.4.12	如何显示列表控件内容

进行搜索操作前，开发者需要定义搜索输入框和搜索图片按钮变量，一般使用私有全局变量，并与对应的输入框和图片按钮绑定。

图片按钮响应点击操作调用图片按钮的 setOnClickListener()方法，参数是匿名内部类。按名称搜索出行介绍数据操作控制文件代码如下，请填写空白处。

```
    imgbtn_tripdataque.setOnClickListener(new View.OnClickListener() {
        @Override
        public void onClick(View view) {
            _____           //多线程，服务器操作
                tripserverlist = tripsURLSever.queryByName(
edt_tripdataque.getText().toString());
            _____           //更新用户界面
                tripAdapter = new TripURLServerAdapter(
getApplicationContext(),tripserverlist);
                list_tripsdata.setAdapter(tripAdapter);
            }
        });
        }
    }).start();
        }
    });
```

请考虑，上述代码应该放置于 TripsurldataActivity 控制文件中的什么位置？

应用程序出行介绍数据管理界面运行效果如图 6-17 所示。

图 6-17　应用程序出行介绍数据管理界面运行效果

6.10　任务 10：出行介绍数据添加界面

任务目标	设计和建立应用程序出行介绍数据添加界面		
任务难度	★★★★		
步骤序号	内容	问题	解决方法
1	设计出行介绍数据添加界面布局		
2	出行介绍数据添加界面控制		
开始时间		完成情况	
结束时间		完成人	

6.10.1　设计出行介绍数据添加界面布局

资料	章节	引导问题
文本框	4.4.1	如何设置文本框属性？例如：显示文字、文字大小、文字颜色等
下拉框	4.4.10	如何设置下拉框数据
输入框	4.4.3	如何设置输入框属性？例如：提示语、附属图等
图片框	4.4.2	如何设置图片框属性？例如：高度、宽度、显示图片等
按钮	4.4.4	如何设置按钮属性？例如：显示文字、文字大小等

　　出行介绍数据添加界面使用下拉框、图片框、输入框和多行输入框取值。以使用六个文本框、一个下拉框、一个图片框、一个输入框、一个多行输入框和一个按钮构成出行介绍数据添加界面为例。

　　出行介绍数据添加界面布局设计如图 6-18 所示。

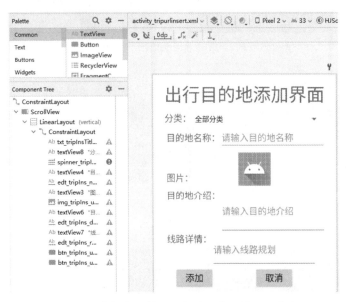

图 6-18　出行介绍数据添加界面布局设计示意图

　　由于出行介绍数据内容比较多，可能出现超屏的情况，因此使用了垂直滚动条。出行介绍数据添加界面布局文件代码如下，请填写空白处。其中标识类文本框均未修改 id。

```
<androidx.constraintlayout.widget.ConstraintLayout
        布局引用及配置为自动生成代码，省略
    tools:context=".TripurlinsertActivity">
    <ScrollView
        android:layout_width="match_parent"
        android:layout_height="match_parent">
        <LinearLayout
            android:layout_width="match_parent"
            android:layout_height="wrap_content"
            android:orientation="vertical" >
            <androidx.constraintlayout.widget.ConstraintLayout
                android:layout_width="match_parent"
                android:layout_height="match_parent">
                <TextView
                    android:id="@+id/txt_tripInsTitle_updownload"
                    android:text="出行目的地添加界面"
                    _____ />          <!--请添加其他属性配置-->
                <TextView
                    android:text="分类："
```

```
                        _____  />        <!--请添加其他属性配置-->
            <Spinner
                android:id="@+id/spinner_tripIns_category_
updownload"
                        _____  />        <!--请添加其他属性配置-->
            <TextView
                android:text="目的地名称: "
                        _____  />        <!--请添加其他属性配置-->
            <EditText
                android:id="@+id/edt_tripIns_name_updownload"
                android:hint="请输入目的地名称"
                        _____  />        <!--请添加其他属性配置-->
            <TextView
                android:text="图片: "
                        _____  />        <!--请添加其他属性配置-->
            <ImageView
                android:id="@+id/img_tripIns_updownload"
                        _____  />        <!--请添加其他属性配置-->
            <TextView
                android:text="目的地介绍: "
                        _____  />        <!--请添加其他属性配置-->
            <EditText
                android:id="@+id/edt_tripIns_desc_updownload"
                android:hint="请输入目的地介绍"
                        _____  />        <!--请添加其他属性配置-->
            <TextView
                android:text="线路详情: "
                        _____  />        <!--请添加其他属性配置-->
            <EditText
                android:id="@+id/edt_tripIns_route_updownload"
                android:hint="请输入线路规划"
                        _____  />        <!--请添加其他属性配置-->
            <Button
                android:id="@+id/btn_tripIns_updownload_ok"
                android:text="添加"
                        _____  />        <!--请添加其他属性配置-->
            <Button
                android:id="@+id/btn_tripIns_updownload_cancel"
                android:text="取消"
                        _____  />        <!--请添加其他属性配置-->
        </androidx.constraintlayout.widget.ConstraintLayout>
    </LinearLayout>
  </ScrollView>
</androidx.constraintlayout.widget.ConstraintLayout>
```

6.10.2 出行介绍数据添加界面控制

资料	章节	引导问题
下拉框	4.4.10	如何从下拉框取值
图片框	4.4.2	如何从界面中选取图片
文件资源获取	4.15.4	如何获取图片的有效 Uri 路径
输入框	4.4.3	如何从输入框取值
按钮	4.4.4	响应点击调用什么方法
Thread	4.13.1	哪种情况下使用 Thread
文件存储	4.15.5	文件保存在什么路径下
HttpsURLConnection	4.17.2	如何使用 HttpsURLConnection 添加出行介绍数据到服务器中

进行控制操作前，开发者需要定义下拉框、图片框、输入框、多行输入框和按钮变量，一般使用私有全局变量，并与下拉框、图片框、输入框、多行输入框以及按钮绑定。

按钮响应点击操作调用按钮的 setOnClickListener() 方法，参数选用匿名内部类。按钮点击操作会保存数据到服务器。选择的图片会保存到应用程序安装目录下，保存的图片信息为图片在服务器的绝对路径。

需预先建立出行介绍数据对应的服务器、数据库、表及操作类。

出行介绍数据添加界面控制文件代码如下，请填写空白处。

```java
public class TripurlinsertActivity extends AppCompatActivity {
                                    //定义布局元素变量
    private Bitmap bitmap;
    private Uri imguri;
    @Override
    protected void onCreate(Bundle savedInstanceState) {
        super.onCreate(savedInstanceState);
        setContentView(R.layout.activity_tripurlinsert);
                                    //注册绑定布局元素
        ActionBar actionBar = getSupportActionBar();
        actionBar.setDisplayHomeAsUpEnabled(true);
         //通过界面获取图片
                                    //包含持久化授权，从 Uri 路径中读取图片
        img_tripIns.setOnClickListener(new View.OnClickListener() {
            @Override
            public void onClick(View view) {
                                    //启动选取图片界面
            }
        });
        btn_tripIns_ok.setOnClickListener(new View.OnClickListener() {
            @Override
            public void onClick(View v) {
                Trip trip = new Trip();
                trip.setTrip_name(edt_tripIns_name.getText().
```

```
toString());
                    trip.setTrip_desc(edt_tripIns_desc.getText().
toString());
                    trip.setTrip_route(edt_tripIns_route.getText().
toString());
                trip.setTrip_category(spinner_tripIns_category.
getSelectedItem().toString());
                    List<FileUDload> imgList = new ArrayList<FileUDload>();
                    FileUDload fileUDload = new FileUDload();
                    fileUDload.setFileType("image");
                    fileUDload.setFileUri(imguri);
                    imgList.add(fileUDload);
                    _____      //多线程，服务器操作
                }
        });
    }
    @Override
    public boolean onOptionsItemSelected(@NonNull MenuItem item) {
        switch (item.getItemId()){
            case android.R.id.home:
                finish();
                break;
        }
        return super.onOptionsItemSelected(item);
    }
}
```

应用程序出行介绍数据添加界面运行效果如图 6-19 所示。

图 6-19　应用程序出行介绍数据添加界面运行效果

模块四　数据与文件管理模块

 本模块内容

1. 数据管理
2. 文件管理

 **学习目标**

1. 掌握 SQLite 数据库操作，进行本地数据管理
2. 掌握服务器数据操作，进行网络数据管理
3. 掌握文件本地读取和存储操作
4. 掌握文件上传服务器的操作

 能力目标

1. 能建立案例项目的 SQLite 数据库，并写入样本数据
2. 能与服务器进行数据交互
3. 能够读取和保存文件

数 据 管 理

在实际应用程序开发中，数据是整个应用程序的根本，分为本地数据和网络数据。本章内容是在案例应用程序中对本地数据和网络数据进行操作。

7.1 任务 1：本地数据管理（SQLite 数据库）

任务目标	建立 SQLite 数据库，添加样本数据		
任务难度	★★★		
步骤序号	内容	问题	解决方法
1	建立 SQLite 数据库		
2	建立相关表		
3	添加样本数据		
4	查询样本数据		
开始时间		完成情况	
结束时间		完成人	

7.1.1 建立 SQLite 数据库

资料	章节	引导问题
建立 SQLite 数据库	4.14.2	一个应用程序使用一个还是多个 SQLite 数据库

新建 SQLite 类，类名 DBHelper，继承于 SQLiteOpenHelper 类，使用快捷键生成构造方法、onCreate()方法和 onUpgrade()方法。

在技术资料中有两种建立 SQLite 数据库的方式，大家任选一种即可。

DBHelper 类中构造方法代码如下，请填写空白处。

```
    public DBHelper(@Nullable Context context, @Nullable String name,
@Nullable SQLiteDatabase.CursorFactory factory, int version) {
        super(context, name, factory, version);
    }
    public DBHelper(Context context){
        super(_____);
    }                              //实际应用中，上述方法使用其一即可
```

在 Activity 中初始化 SQLite 数据库的代码如下，请填写空白处。

```
protected void onCreate(Bundle savedInstanceState) {
    super.onCreate(savedInstanceState);
    setContentView(R.layout.activity_main);
    DBHelper dbHelper = new DBHelper(_____);
}
```

7.1.2 建立相关表

资料	章节	引导问题
建立表	4.14.2	本应用程序中应该建立哪些表 调用什么方法建立表

在 DBHelper 类，onCreate()方法中，写建立表的 SQL 语句。如果有多个表，请写出每个表的 SQL 语句。以出行介绍界面数据为例，建立出行表，表名称为 trip。建立 trip 表的代码如下，请填写空白处。

```
public void onCreate(SQLiteDatabase sqLiteDatabase) {
    String sql = "create table trip(_____
    _____);";
    sqLiteDatabase._____(_____);
}
```

如果需要建立多个表，就执行多个 SQL 语句。

```
public void onCreate(SQLiteDatabase sqLiteDatabase) {
    String sql1 = "create table users(_____);";
    String sql2 = "create table clubs(_____);";
    String sql3 = "create table cates(_____);";
    String sql4 = "create table trips(_____);";
    sqLiteDatabase. execSQL(sql1);
    sqLiteDatabase. execSQL(sql2);
    sqLiteDatabase. execSQL(sql3);
    sqLiteDatabase. execSQL(sql4);
}
```

7.1.3 添加样本数据

资料	章节	引导问题
insert()方法	4.14.2	添加数据时字段类型是什么 是否考虑用数据对象方式添加数据 是否存在无须添加的字段

根据 7.1.2 建立的表，调用 SQLiteDatabase 对象的 insert()方法添加样本数据，可添加多条样本数据。

onCreate()方法中添加样本数据的代码如下，请填写空白处。

```
SQLiteDatabase db = dbHelper.getWritableDatabase();
ContentValues cv = new ContentValues();
cv.put("trip_name","东湖");
cv.put("trip_img","imgPath");
cv.put("trip_desc",_____);
cv.put("trip_route",_____);
db.insert(_____, null ,_____);
```

7.1.4　查询样本数据

资料	章节	引导问题
query()方法	4.14.2	query()方法参数较多，是否都是必需的 查询条件如何添加 查询返回的数据如何解析

调用 SQLiteDatabase 对象的 query()方法查询样本数据后，返回值为 Cursor 类型。onCreate()方法中查询样本数据的代码如下。

```
Cursor qucur = db.query("trip",null,null,null,null,null,null);
```

可使用 Log()方法输出查询结果，验证样本数据是否添加成功。

7.2　任务 2：网络数据管理（服务器）

任务目标	使用 HttpsURLConnection 连接服务器，添加样本数据		
任务难度	★★★		
步骤序号	内容	问题	解决方法
1	连接服务器		
2	添加样本数据		
3	查询样本数据		
开始时间		完成情况	
结束时间		完成人	

7.2.1　连接服务器

资料	章节	引导问题
配置 HttpURLConnection	4.17.2	连接服务器地址如何确定
与服务器建立连接	4.17.2	调用什么方法建立连接
向服务器发送请求	4.17.2	发送请求的格式是什么
接收服务器返回的结果	4.17.2	接收的是什么类型的数据 接收的数据怎么转成 List 类型

预先建立数据服务器。

新建服务器连接类，类名为 TripConnectServer。

新建连接服务器的方法，方法名称为 connect，参数有三个：Url（String 类型）、发送请求事务类型（String 类型）和发送请求事务内容（对象），返回值为 String 类型。连接服务器的代码如下，请填写空白处。

```
String connect(String urlstr, String direct, Object object){
    String reqStr = "";
    try {
        URL url = new URL(_____);    //连接服务器地址
        HttpURLConnection conn= (HttpURLConnection) url.openConnection();
        _____              //配置 HttpURLConnection
        conn._____(_____);              //与服务器建立连接
        String str = "direct=" + direct;
        if(null != object){
            str = str + "&dataParam=" + gson.toJson(object);
        }
        OutputStream os= conn.getOutputStream();
        BufferedWriter bw = new BufferedWriter(new OutputStreamWriter(os));
        bw.write(_____);               //向服务器发送请求
        bw.flush();
        bw.close();

        int requestCode = conn.getResponseCode();
        if(requestCode == conn.HTTP_OK) {
            _____       //接收服务器返回的结果
            reqStr = _____;
        }
    } catch (MalformedURLException e) {
        e.printStackTrace();
    } catch (ProtocolException e) {
        e.printStackTrace();
    } catch (IOException e) {
        e.printStackTrace();
    }
    return reqStr;
}
```

7.2.2 添加样本数据

资料	章节	引导问题
添加数据	4.17.2	Trip 对象类如何建立
服务器端代码	4.17.2	服务器端地址如何获取 Servlet 如何发布

服务器端预先启动运行。

新建添加样本数据的方法，方法名称为 insert，参数为发送请求事务内容(Trip 对象)，返回值为整型。添加样本数据的方法代码如下。

```
public int insert(Trip trip){
    String insflag = connect(path,"insert",trip);
    int flag = gson.fromJson(insflag,Integer.class);
    return flag;
}
```

Activity 界面中，需要配置 Trip 对象数据，使用子线程完成添加样本数据任务。

```
Trip trip = new Trip();
    trip.setTrip_name("东湖");
    trip.setTrip_desc("......详细内容.......");
    trip.setTrip_img(".....图片 Uri 路径或绝对路径......");
    trip.setTrip_route("乘坐公共汽车 401 路和 402 路");
    new Thread(new Runnable() {
        @Override
        public void run() {
            TripConnectServer connectServer = new TripConnect
Server();
            int insflag = connectServer.insert(trip);
        }
    }).start();
```

开发者也可以直接使用 main()方法执行以上代码。

7.2.3　查询样本数据

资料	章节	引导问题
查询数据	4.17.2	Trip 对象值如何取出 查询数据如何显示
服务器端代码	4.17.2	服务器端地址如何获取 Servlet 如何发布

服务器端预先启动运行。

新建查询样本数据的方法，方法名称为 query，无参数，返回值为 List 类型。查询样本数据的方法代码如下。

```
public List<Trip> queryAll(){
    List<Trip> list = new ArrayList<Trip>();
    String queryStr = connect(path,"query",null);
    list = gson.fromJson(queryStr,new TypeToken<List<Trip>>(){}.
getType());
    return list;
}
```

Activity 界面中，使用子线程完成查询任务，然后显示数据。查询样本数据方法的应用代码如下。

```
new Thread(new Runnable() {
    @Override
    public void run() {
        TripConnectServer connectServer = new TripConnectServer();
        List<Trip> list = connectServer.queryAll();
            显示数据，可选用列表控件
    }
}).start();
```

开发者也可以直接使用 main()方法执行以上代码。

文 件 管 理

应用程序对于文件的处理有两种方法，一种是保存在本地 Android 端，另一种是上传服务器。

8.1　任务 1：文件保存（本地）

任务目标	保存文件到本地 Android 端		
任务难度	★★★		
步骤序号	内容	问题	解决方法
1	读取文件		
2	保存文件		
开始时间		完成情况	
结束时间		完成人	

8.1.1　读取文件

资料	章节	引导问题
文件的绝对路径	4.15.5	如何保证绝对路径准确
文件的 Uri 路径	4.15.5	哪些类型文件可选 如何指定选取文件类型
文件资源或路径的获取	4.15.4	文件资源和路径区别是什么
文件读取	4.15.5	如何通过 Uri 路径读取文件 如何通过 Uri 路径读取图片？区别在哪

文件的绝对路径一般用于读取应用程序安装目录或公共媒体文件夹下的文件，保证路径正确。

```
/storage/emulated/0/DCIM/dhld.jpg
/data/user/0/com.example.file/cache/4aa390e3-d61e-4915-53cca7b72.jpg
```

使用时直接读取文件即可，以图片为例。

```
File file = new File("/storage/emulated/0/DCIM/dhld.jpg");
```

文件的 Uri 路径一般通过界面选取，通过配置 ActivityResultLauncher 对象可以选择选取文件的方式和返回值，具体方法参考 4.15.4 节的表 4-33。以读取图片为例，通过打开文件夹方式选取。

在 Activity 的 onCreate()或 onStart()方法中，通过界面选取文件的代码如下。

```
        ActivityResultLauncher launcher = registerForActivityResult(new
ActivityResultContracts.GetContent(), new ActivityResultCallback<Uri>() {
        @Override
        public void onActivityResult(Uri result) {
           try {
               Bitmap bitmap = BitmapFactory.decodeStream(getContent
Resolver().openInputStream(result));
                       对图片的其他操作，例如保存图片
           } catch (FileNotFoundException e) {
               e.printStackTrace();
           }
        }
});
```

在具体操作代码中，调用 launch()方法时使用 MIME 类型参数指定选取文件类型，例如，点击操作选取图片类型文件的代码如下。

```
btn_get_content.setOnClickListener(new View.OnClickListener() {
    @Override
    public void onClick(View view) {
        launcher.launch("image/*");
    }
});
```

8.1.2 保存文件

资料	章节	引导问题
保存到应用程序安装目录	4.15.5	如何获取应用程序安装目录
保存到公共媒体文件夹	4.15.5	如何获取公共媒体文件夹目录
保存图片	4.15.5	为什么保存图片使用与其他类型文件不同的操作

将文件保存到应用程序安装目录只能使用应用程序的内部和外部存储路径。合成完整保存路径后，通过 FileIO 流保存文件。

使用 FileIO 流保存图片代码如下，请填写空白处。

```
String dir =_____.getAbsolutePath();     //获取保存文件夹路径
File filedir = new File(dir);
if(!filedir.exists()){
   filedir.mkdir();
}
String filename = UUID.randomUUID() + ".jpg";   //文件命名
File file = new File(_____ , _____);          //合成完整路径
try {                                            //保存文件
   FileOutputStream fos = new FileOutputStream(file);
```

```
      bitmap.compress(Bitmap.CompressFormat.JPEG,100,fos);
      fos.flush();
      fos.close();
} catch (IOException e) {
      e.printStackTrace();
}
```

将文件保存到公共媒体文件夹需要通过 MediaStore 获取公共媒体文件夹的 Uri 路径，另外还要配置文件的 Uri 属性（ContentValues 类型）。由 ContentResolver 合成完整 Uri 路径后，通过 FileIO 流保存文件。保存图片到相册文件夹的代码如下，请填写空白处。

```
ContentValues values = new ContentValues();  //定义保存文件的 Uri 属性
values.put(MediaStore.Files.FileColumns.DISPLAY_NAME,"_____");
values.put(MediaStore.Files.FileColumns.MIME_TYPE,"_____");
values.put(MediaStore.Files.FileColumns.TITLE,"_____");
values.put(MediaStore.Files.FileColumns.RELATIVE_PATH,"DCIM");
Uri uri = _____;  //获取公共文件夹 Uri 路径
ContentResolver resolver = getContentResolver();
Uri inuri = resolver.insert(uri,values);          //新建保存文件的 Uri 路径
InputStream isf = null;
OutputStream osf = null;
try {                                              //保存文件
    isf = new FileInputStream(file);
    osf = resolver.openOutputStream(inuri);
    byte[] buffer = new byte[4096];
    int byteCount = 0;
    while ((byteCount = isf.read(buffer)) != -1) {
        osf.write(buffer, 0, byteCount);
    }
    isf.close();
    osf.close();
} catch (IOException e) {
    e.printStackTrace();
}
```

8.2　任务 2：文件保存（上传）

任务目标	保存文件到服务器		
任务难度	★★★		
步骤序号	内容	问题	解决方法
1	读取文件		
2	上传文件		
开始时间		完成情况	
结束时间		完成人	

8.2.1 读取文件

资料	章节	引导问题
文件的绝对路径	4.15.5	如何保证绝对路径准确
文件的 Uri 路径	4.15.5	哪些类型文件可选 如何指定选取文件类型
文件资源或路径的获取	4.15.4	文件路径和资源区别是什么
文件读取	4.15.5	如何通过 Uri 路径读取文件 如何通过 Uri 路径读取图片？区别在哪

通过文件的绝对路径可以直接读取文件。

```
File file = new File("/storage/emulated/0/DCIM/dhld.jpg");
```

如果需要通过界面选取文件，通过配置 ActivityResultLauncher 对象可以选择选取文件的方式和返回值，具体方法参考 4.15.4 节的表 4-33。

在 Activity 的 onCreate()或 onStart()方法中通过界面选取文件的代码如下。此段代码适用于 Android 11(API 30)以上，请填写空白处。

```
ActivityResultLauncher launcher = registerForActivityResult(new
        ActivityResultContracts. . OpenDocument(), new ActivityResult
Callback<Uri>() {
    @Override
    public void onActivityResult(Uri result) {
        try {
            String path = null;
            Class storage = Class.forName("android.os.storage.
StorageVolume");
            StorageManager manager = (StorageManager) context.
getSystemService(Context.STORAGE_SERVICE);
            Method getVolumeList =manager.getClass().getMethod
("getVolumeList");
            StorageVolume[] volumes = (StorageVolume[])
getVolumeList.invoke(manager);
            Method getDirectory = storage.getMethod("getDirectory");
            StorageVolume volume = (StorageVolume) Array.get(volumes,0);
            ContentResolver resolver = context.getContentResolver();
            Cursor cursor = resolver.query(____ , ___ , ___ , ___ , ___);
            if (cursor != null) {
                cursor.moveToFirst();
                String name = cursor.getString(0);
                String[] temp  = name.split(":");
                String dir = volume.getDirectory().getAbsolutePath();
                path = _____;    //获得绝对路径
                cursor.close();
                    对图片的其他操作，例如保存图片
```

```
        };
    } catch (FileNotFoundException e) {
        e.printStackTrace();
    }
    }
});
```

在具体操作代码中，与 OpenDocument()方法对应，调用 launch()方法时使用 MIME 类型参数指定选取文件类型，可以选取多个类型的文件。通过界面点击操作选取文件的启动代码如下。

```
btn_get_content.setOnClickListener(new View.OnClickListener() {
    @Override
    public void onClick(View view) {
        resultLauncher.launch(new String[]{"image/*","audio/*",
"text/plain"});
    }
});
```

8.2.2 上传文件

资料	章节	引导问题
HttpsURLConnection	4.17.2	参数如何设置
OkHttp	4.17.3	各类型 body 适合传递什么类型数据
Retrofit	4.17.4	网络请求方法、标记和参数如何配置

上传文件可以通过三个网络通信框架完成。

HttpsURLConnection 使用 IO 流传递数据，配置比较烦琐。推荐使用 OkHttp 和 Retrofit。使用 OkHttp 上传文件代码如下。

```
RequestBody requestBody = RequestBody.create(file,MediaType.
parse("image/*"));
MultipartBody multipartBody = new MultipartBody.Builder()
        .setType(MultipartBody.FORM)
        .addFormDataPart("image","hlg.jpg",requestBody)
        .build();
Request.Builder builder = new Request.Builder();
Request request = builder.url(url).post(multipartBody).build();
Call call = client.newCall(request) ;
Response response = client.newCall(request).execute();
```

使用 Retrofit 上传文件代码如下。

```
Retrofit retrofit = new Retrofit.Builder()
        .baseUrl(url)
        .build();
Retrofit_Post_Interface request = retrofit.create(Retrofit_Post_
```

```
Interface.class);
      RequestBody requestBody = RequestBody.create(file,MediaType.
parse("image/*"))
    //传递单个文件，接口中使用@Multipart标记，多个文件不可使用@Multipart标记
    MultipartBody multipartBody = new MultipartBody.Builder()
            .setType(MultipartBody.FORM)
            .addFormDataPart("dir","aaaaaaaaaa")
            .addFormDataPart("image","hlg.jpg", requestBody))
            .build();
      Call<ResponseBody> call = request.upload(multipartBody);
```

使用 Retrofit 上传文件的接口文件代码如下。传递单个文件，接口中使用@Multipart标记，传递多个文件时不可使用@Multipart标记。

```
public interface Retrofit_Post_Interface {
    @POST("TestFileServlet")        //对应的服务器接收界面和参数
    //文件加参数
    Call<ResponseBody> upload(@Body MultipartBody file);
}
```

模块五　服务管理和操作模块

本模块内容

1. 前台服务的建立和操作
2. 通知的建立和操作
3. 广播的建立和操作
4. 后台服务的建立和操作

学习目标

1. 掌握前台服务的声明、建立、启动和操作
2. 掌握自定义通知的建立和发布
3. 掌握 BroadcastReceiver 的建立和操作
4. 掌握后台服务的声明、建立、启动和操作

能力目标

1. 能使用前台服务进行音频播放等操作
2. 能自定义通知显示音频播放器音频信息
3. 能通过广播对自定义通知内音频播放器进行控制
4. 能使用后台服务进行相关操作

前台服务管理和操作

本章设计和建立应用程序的学习资料数据管理和学习音频播放相关内容。学习资料数据管理采用 OkHttp 和 Retrofit 与服务器进行数据交互。学习音频播放使用前台服务执行，并生成一个通知显示学习音频播放的相关信息。

9.1 任务 1：学习资料数据管理界面

任务目标	设计和建立应用程序学习资料数据管理界面		
任务难度	★★★★		
步骤序号	内容	问题	解决方法
1	设计学习资料数据管理界面布局		
2	学习资料数据管理界面控制		
3	学习资料按名称搜索		
开始时间		完成情况	
结束时间		完成人	

9.1.1 设计学习数据管理界面布局

资料	章节	引导问题
列表控件	4.4.12	如何调整列表控件其他属性？例如：高度、宽度、位置等
输入框	4.4.3	如何配置输入框输入类型
图片按钮	4.4.5	图片按钮属性如何配置？例如：显示图片等
文本框	4.4.1	文本框属性如何配置？例如：显示文字、文字大小等

学习资料数据管理界面使用列表控件显示所有学习资料信息，使用输入框和图片按钮按名称搜索学习资料。

学习资料数据管理界面布局设计如图 9-1 所示。

学习资料数据管理界面采用约束布局。布局容器中有文本框、输入框、图片按钮和列表控件等类型控件。列表控件设置 id、高度和宽度。文本框设置显示文字、文字大小和文字颜色。图片按钮设置 id 和显示图片。输入框设置 id、提示语和输入类型。学习资料数据管理界面布局文件代码如下，请填写空白处。

图 9-1　学习资料数据管理界面布局设计示意图

```
<TextView
        android:text="学习资料数据管理界面"
        _____ />        <!--请添加其他属性配置-->
<EditText
        android:id="@+id/edt_resdataque"
        android:hint="请输入学习资料名称"
        _____ />        <!--请添加其他属性配置-->
<ImageButton
        android:id="@+id/imgbtn_resdataque"
        _____ />        <!--请添加其他属性配置-->
<ListView
        android:id="@+id/list_ressdata"
        _____ />        <!--请添加其他属性配置-->
</androidx.constraintlayout.widget.ConstraintLayout>
```

9.1.2　学习资料数据管理界面控制

资料	章节	引导问题
选项菜单	4.7.2	如何设置可见属性
上下文菜单	4.7.4	如何关联上下文菜单和布局元素 如何获取关联布局元素的值
样式文件	4.2.2	如何调用样式文件
列表控件常用控制操作	4.4.12	列表控件条目响应点击调用什么方法
对话框	4.8.1	对话框如何处理操作
Thread	4.13.1	哪种情况下使用 Thread
Handler	4.13.2	Handler 的 post()方法是子线程么？作用是什么
OkHttp	4.17.3	OkHttp 查询操作怎么完成
新建 Activity	4.1.3	新建哪个 Activity，作用是什么
启动 Activity	4.11.6	如何切换界面 需要传递什么数据

学习资料数据管理使用列表控件显示学习资料信息，搜索使用输入框和图片按钮。进行控制操作前，开发者需要定义列表控件、输入框和图片按钮变量，一般使用私有全局变量，并与列表控件、输入框及图片按钮绑定。

列表控件需要数据适配器，学习资料数据管理界面中列表控件选用继承于基础数据适配器的自定义数据适配器。

列表控件需要定义每个条目显示的样式文件，名称为 item_list_tripurl。此样式采用约束布局。布局容器中有文本框和图片框。资源文件名称文本框设置 id、显示文字、文字大小和文字颜色。作者文本框设置 id、显示文字、文字大小和文字颜色。资源地址文本框设置 id、显示文字、文字大小、文字颜色和显示行数。图片框设置 id、高度、宽度和显示图片。学习资料数据管理界面列表控件条目样式文件布局设计如图 9-2 所示。

图 9-2　学习资料数据管理界面列表控件条目样式文件布局设计示意图

样式文件代码如下，请填写空白处。

```xml
<androidx.constraintlayout.widget.ConstraintLayout
        布局引用及配置为自动生成代码, 省略
>
    <TextView
        android:id="@+id/txt_item_res_name"
        android:text="资源文件名称"
        _____ />        <!--请添加其他属性配置-->
    <TextView
        android:id="@+id/txt_item_res_author"
        android:text="作者"
        _____ />        <!--请添加其他属性配置-->
    <TextView
        android:id="@+id/txt_item_res_url"
        android:text="资源地址"
        _____ />        <!--请添加其他属性配置-->
</androidx.constraintlayout.widget.ConstraintLayout>
```

新建一个继承于 BaseAdapter 的类作为学习资料数据管理界面列表控件的数据适配器，名称为 StudyokhttpdataAdapter。自动生成相关方法后，需要做的操作是：(1)新建构造方法；(2)修改相关方法返回值；(3)定义样式文件的容器内部类；(4)在 getView()方法中引用样式文件，绑定样式文件中控件以及控件相关操作。配置数据适配器代码如下，请填写空白处。

```java
public class StudyokhttpdataAdapter extends BaseAdapter {
    private List<StudyRes> resList;
    private Context context;
    public StudyokhttpdataAdapter(Context context, List<StudyRes> list) {
```

```
            this.context = context;
            this.resList = list;
        }
        @Override
        public int getCount() {
            return _____;
        }
        @Override
        public Object getItem(int position) {
            return _____;
        }
        @Override
        public long getItemId(int position) {
            return _____;
        }
        @Override
        public View getView(int position, View view, ViewGroup
viewGroup) {
            view = LayoutInflater.from(context).inflate(R.layout.item_
list_studyresurl, null);
            ViewHolder viewHolder = new ViewHolder();
            _____            //注册绑定布局元素
                                                   //各布局元素赋值
            _____
            return view;
        }
        class ViewHolder {
            TextView name, auth, resurl;
        }
    }
```

　　数据源使用的是服务器数据，使用 OkHttp 进行数据交互。请预先建立服务器连接和操作的相关类及方法，可参考 4.17.3。

　　学习资源数据管理界面使用选项菜单作为添加操作入口，使用上下文菜单作为修改和删除操作的入口。删除操作提供对话框作为用户进一步确认操作的方式。

　　按照 Android 操作系统要求，所有费时的网络及服务器操作均需在子线程中进行，案例中选取了 Thread 和 Handler 对象完成子线程操作。操作完毕后需要在主线程更新用户界面，案例中选取了 Handler.post() 方法完成用户界面更新操作。

　　学习资源数据管理界面控制文件代码如下，请填写空白处。

```
    public class StudyokhttpdataActiviy extends AppCompatActivity {
        _____                 //定义布局元素变量
        private List<StudyRes> resserverlist;
        private Handler handler = new Handler(Looper.myLooper());
        private StudyResOkHttpServer resOkHttpSever;
        private StudyokhttpdataAdapter resAdapter;
```

```
                private Gson gson = new Gson();
                @Override
                protected void onCreate(Bundle savedInstanceState) {
                    super.onCreate(savedInstanceState);
                    setContentView(R.layout.activity_studyokhttpdata);
                    _____    //注册绑定布局元素
                    resserverlist = new ArrayList<>();
                    ActionBar actionBar = getSupportActionBar();
                    actionBar.setDisplayHomeAsUpEnabled(true);
                    resOkHttpSever = new StudyResOkHttpServer();//启动OkHttp
                    _____    //多线程服务器数据操作
                        try {
                            resserverlist=gson.fromJson(resOkHttpSever.query(),
    new TypeToken<List<StudyRes>>(){}.getType());
                        } catch (IOException e) {
                            e.printStackTrace();
                        }
                        _____    //更新用户界面
                }).start();
                    _____    //注册上下文菜单,关联布局元素
                }
                @Override
                public boolean onCreateOptionsMenu(Menu menu) {
                    super.onCreateOptionsMenu(menu);
                    MenuItem menuItem = menu.add(1,1,1,"添加");
                    menuItem.setShowAsAction(MenuItem.SHOW_AS_ACTION_ALWAYS);
                    return true;
                }
                @Override
                public boolean onOptionsItemSelected(@NonNull MenuItem item) {
                    super.onOptionsItemSelected(item);
                    switch (item.getItemId()){
                        case android.R.id.home:
                            Intent intent = new Intent(_____ , _____);
                            startActivity(intent);
                            break;
                        case 1:
                            Intent intent1 = new Intent(_____ , _____);
                            startActivity(intent1);
                            break;
                    }
                    return true;
                }
                @Override
                public void onCreateContextMenu(ContextMenu menu, View v,
```

```
ContextMenu.ContextMenuInfo menuInfo) {
        menu.add(1,1,1,"修改");
        menu.add(1,2,2,"删除");
        super.onCreateContextMenu(menu, v, menuInfo);
    }
    @Override
    public boolean onContextItemSelected(@NonNull MenuItem item) {
    AdapterView.AdapterContextMenuInfo menuInfo =
                (AdapterView.AdapterContextMenuInfo) item.
getMenuInfo();
        int position = menuInfo.position;
        StudyRes res = resserverlist.get(position);
        switch (item.getItemId()){
            case 1:
                break;
            case 2:
                AlertDialog.Builder builder = new AlertDialog.Builder
(this);
                builder.setTitle("删除");
                builder.setMessage("您确定删除吗？");
              builder.setPositiveButton("确定", new DialogInterface.
OnClickListener() {
                    @Override
                    public void onClick(DialogInterface dialog
Interface, int i) {
                        _____ {          //多线程服务器数据操作
                            try {
                            resOkHttpSever.delete(gson.toJson(res.
getRes_id()));
                            resserverlist=gson.fromJson (resOkHttpSever
.query(),new TypeToken<List<StudyRes>>(){}.getType());
                            } catch (IOException e) {
                                e.printStackTrace();
                            }
                        _____          //更新用户界面
                    }).start();
                    }
                });
              builder.setNegativeButton("取消", new DialogInterface.
OnClickListener() {
                    @Override
                    public void onClick(DialogInterface dialog
Interface, int i) {
                        dialogInterface.dismiss();
```

```
                }
            });
            AlertDialog dialog = builder.create();
            dialog.show();
            break;
        }
        return super.onContextItemSelected(item);
    }
}
```

9.1.3 学习资料按名称搜索

资料	章节	引导问题
输入框	4.4.3	如何获取输入框内容
图片按钮	4.4.5	图片按钮响应点击操作调用什么方法
配置数据适配器	4.4.12	自定义数据适配器怎么配置
Thread	4.13.1	哪种情况下使用 Thread
Handler	4.13.2	Handler 的 post()方法是子线程吗？作用是什么
显示列表控件内容	4.4.12	如何显示列表控件内容

进行搜索操作前，开发者需要定义搜索输入框和搜索图片按钮变量，一般使用私有全局变量，并与对应的输入框以及图片按钮绑定。

图片按钮响应点击操作调用图片按钮的 setOnClickListener()方法，参数是匿名内部类。按名称搜索学习资料操作控制文件代码如下，请填写空白处。

```
imgbtn_resdataque.setOnClickListener(new View.OnClickListener() {
    @Override
    public void onClick(View view) {
        _____              //多线程服务器数据操作
            try {
                String namestr = gson.toJson(edt_resdataque
.getText().toString());
                resserverlist = gson.fromJson(resOkHttpSever.query
(namestr),new TypeToken<List<StudyRes>>(){}.getType());
            } catch (IOException e) {
                e.printStackTrace();
            }
            _____              //更新用户界面
        }).start();
    }
});
```

请考虑，上述代码应该放置于 StudyokhttpdataActiviy 控制文件中的什么位置？

应用程序学习资料数据管理界面运行效果如图 9-3 所示。

图 9-3　应用程序学习资料数据管理界面运行效果

9.2　任务 2：学习资料上传界面

任务目标	设计和建立应用程序学习资料上传界面		
任务难度	★★★★		
步骤序号	内容	问题	解决方法
1	设计学习资料上传界面布局		
2	学习资料上传界面控制		
开始时间		完成情况	
结束时间		完成人	

9.2.1　设计学习资料上传界面布局

资料	章节	引导问题
文本框	4.4.1	如何设置文本框属性？例如：显示文字、文字大小、文字颜色等
下拉框	4.4.10	如何设置下拉框数据
输入框	4.4.3	如何设置输入框属性？例如：提示语、附属图等
按钮	4.4.4	如何设置按钮的属性？例如：显示文字、文字大小等

学习资料上传界面使用下拉框、图片框、输入框和多行输入框取值。以使用五个文本框、一个下拉框、一个图片框、一个输入框、一个多行输入框和一个按钮构成学习资料上传界面为例。

学习资料上传界面布局设计如图 9-4 所示。

图 9-4　学习资料上传界面布局设计示意图

学习资料上传界面布局文件代码如下，请填写空白处。其中标识类文本框均未修改 id。

```xml
<androidx.constraintlayout.widget.ConstraintLayout
            布局引用及配置为自动生成代码，省略
    tools:context=".StudyokhttpinsertActivity">
    <TextView
        android:id="@+id/txt_resInsTitle_updownload"
        android:text="学习资料上传界面"
        _____ />        <!--请添加其他属性配置-->
    <TextView
        android:text="分类："
        _____ />        <!--请添加其他属性配置-->
    <Spinner
        android:id="@+id/spinner_resIns_category_updownload"
        _____ />        <!--请添加其他属性配置-->
    <TextView
        android:text="资料名称："
        _____ />        <!--请添加其他属性配置-->
    <EditText
        android:id="@+id/edt_resIns_name_updownload"
        android:hint="请输入资料名称"
        _____ />        <!--请添加其他属性配置-->
    <TextView
        android:text="选择资料："
```

```
    <Button
        android:id="@+id/btn_resIns_updownload"
        android:text="选择资料"
        _____ />        <!--请添加其他属性配置-->
    <TextView
        android:id="@+id/txt_resIns_name"
        android:text="未选择资料文件"
        _____ />        <!--请添加其他属性配置-->
    <TextView
        android:text="作者: "
        _____ />        <!--请添加其他属性配置-->
    <EditText
        android:id="@+id/edt_resIns_auth_updownload"
        android:hint="请输入作者"
        _____ />        <!--请添加其他属性配置-->
    <Button
        android:id="@+id/btn_resIns_updownload_ok"
        android:text="上传"
        _____ />        <!--请添加其他属性配置-->
    <Button
        android:id="@+id/btn_resIns_updownload_cancel"
        android:text="取消"
        _____ />        <!--请添加其他属性配置-->
</androidx.constraintlayout.widget.ConstraintLayout>
```

9.2.2　学习资料上传界面控制

资料	章节	引导问题
下拉框	4.4.10	如何从下拉框取值
文件资源获取	4.15.4	如何获取文件的有效 Uri 路径 Android 11 后文件读取策略有哪些变化
输入框	4.4.3	如何从输入框取值
按钮	4.4.4	响应点击调用什么方法
Thread	4.13.1	哪种情况下使用 Thread
文件上传	4.17.3 8.2.2	OkHttp 下，文件使用什么方法上传

进行控制操作前，开发者需要定义下拉框、输入框和按钮变量，一般使用私有全局变量，并与下拉框、输入框以及按钮绑定。

按钮响应点击操作调用按钮的 setOnClickListener() 方法，参数选用匿名内部类。按钮点击操作会保存数据到服务器。选择的文件会上传到服务器，保存到服务器对应目录下，保存的文件信息为文件的网络地址 Url。

需预先建立学习资料数据对应的服务器、表及操作类。

学习资料上传界面控制文件代码如下，请填写空白处。

```
      public class StudyokhttpinsertActivity extends AppCompatActivity {
                                                //定义布局元素变量
          String filename;
          private File file;
          private Gson gson = new Gson();
          @Override
          protected void onCreate(Bundle savedInstanceState) {
              super.onCreate(savedInstanceState);
              setContentView(R.layout.activity_studyokhttpinsert);
              _____         //注册绑定布局元素
          ActionBar actionBar = getSupportActionBar();
          actionBar.setDisplayHomeAsUpEnabled(true);
          ActivityResultLauncher launcher = registerForActivityResult(new
ActivityResultContracts.OpenDocument(), new ActivityResultCallback<Uri>() {
                  @RequiresApi(api = Build.VERSION_CODES.Q)
                  @Override
                  public void onActivityResult(Uri result) {
                                        //Android 11 以上从 Uri 路径中读取文件
                  if (result.getScheme().equals(ContentResolver.SCHEME_
FILE)) {
                      file = new File(result.getPath());
                  } else if (result.getScheme().equals(ContentResolver.
SCHEME_CONTENT)) {
                                            //把文件复制到沙盒目录
                      ContentResolver contentResolver = getContent
Resolver();
                      Cursor cursor = contentResolver.query(result, null,
null, null, null);
                      if (cursor.moveToFirst()) {
                      @SuppressLint("Range") String displayName = cursor.
getString(cursor.getColumnIndex(OpenableColumns.DISPLAY_NAME));
                          try {
                              InputStream is = contentResolver.openInput
Stream(result);
                              File cache = new File(getExternalCacheDir().
getAbsolutePath(),(_____)+ displayName);    //目录绝对路径 + 随机数+文件名
                              FileOutputStream fos = new FileOutput
Stream(cache);
                              FileUtils.copy(is, fos);
                              file = cache;
                              fos.close();
                              is.close();
                              filename = displayName;
                              txt_resIns_name.setText(file
```

```
.getAbsolutePath());
                        } catch (IOException e) {
                            e.printStackTrace();
                        }
                    }
                }
            }
        });
        btn_resIns.setOnClickListener(new View.OnClickListener() {
            @Override
            public void onClick(View view) {
//              launcher.launch(new String[]{"image/*",
//                "audio/*","vedio/*","text/plain"});          //更多类型
                launcher.launch(new String[]{"audio/*"});
                                        //启动选取文件界面，限制为音频文件

            }
        });
        btn_resIns_ok.setOnClickListener(new View.OnClickListener() {
            @Override
            public void onClick(View view) {
                StudyRes res = new StudyRes();
                res.setRes_name(edt_resIns_name.getText().toString());
                res.setRes_author(edt_resIns_auth.getText().
toString());
                res.setRes_clas(spinner_resIns_category.getSelected
Item().toString());
                resSever = new StudyResOkHttpServer();
                _____          //多线程服务器数据操作
                    try {
            String returnstr = resSever.insert(gson.toJson(res),gson.
toJson(filename),file);
            Intent intent = new Intent(_____ , _____);
            startActivity(intent);
                    } catch (IOException e) {
                        e.printStackTrace();
                    }
            }).start();
            }
        });
        }
        @Override
        public boolean onOptionsItemSelected(@NonNull MenuItem item) {
        switch (item.getItemId()){
            case android.R.id.home:
```

```
            finish();
            break;
    }
    return super.onOptionsItemSelected(item);
}
}
```

应用程序学习资料上传界面运行效果如图 9-5 所示。

图 9-5　应用程序学习资料上传界面运行效果

9.3　任务 3：学习音频播放界面

任务目标	设计和建立应用程序学习音频播放界面		
任务难度	★★★★★		
步骤序号	内容	问题	解决方法
1	设计学习音频播放界面布局		
2	设置学习音频播放通知		
3	设置学习音频 BroadcastReceiver		
4	设置学习音频播放前台服务		
5	学习音频播放界面控制		
开始时间		完成情况	
结束时间		完成人	

9.3.1　设计学习音频播放界面布局

资料	章节	引导问题
文本框	4.4.1	如何设置文本框属性？例如：显示文字、文字大小、文字颜色等
列表控件	4.4.12	如何设置列表控件属性
拖动进度条	4.4.15	如何设置拖动进度条属性

学习音频播放界面使用列表控件显示所有学习音频信息，使用输入框和按钮按名称搜索学习音频。构建一个简单播放器，使用文本框显示学习音频的名称、作者、播放时间和总时长等信息，使用拖动进度条显示播放进度。

学习音频播放界面布局设计如图 9-6 所示。

图 9-6　学习音频播放界面布局设计示意图

学习音频播放界面采用约束布局。布局容器中有文本框、列表控件和拖动进度条等类型控件。列表控件设置 id、高度和宽度。文本框设置显示文字、文字大小和文字颜色。拖动进度条设置 id 和高度。学习音频播放界面布局文件代码如下，请填写空白处。

```
<TextView
    android:text="学习音频"
    android:textSize="40sp"

    _____ />        <!--请添加其他属性配置-->
<ListView
```

```
            android:id="@+id/list_audio"
            _____ />          <!--请添加其他属性配置-->
    <SeekBar
            android:id="@+id/seekBar_audio"
            _____ />          <!--请添加其他属性配置-->
    <TextView
            android:id="@+id/txt_audio_name"
            android:text="名称"
            _____ />          <!--请添加其他属性配置-->
    <TextView
            android:id="@+id/txt_audio_artist"
            android:text="作者"
            _____ />          <!--请添加其他属性配置-->
    <TextView
            android:id="@+id/txt_audio_proc"
            android:text="播放时间"
            _____ />          <!--请添加其他属性配置-->
    <TextView
            android:id="@+id/txt_audio_time"
            android:text="总时长"
            _____ />          <!--请添加其他属性配置-->
</androidx.constraintlayout.widget.ConstraintLayout>
```

9.3.2 设置学习音频播放通知

资料	章节	引导问题
自定义通知	4.16.3	如何设置自定义通知样式

学习音频播放通知做成简易的播放器形式，在切换到其他应用程序时可以快速操作音频。

学习音频播放通知的样式布局包括文本框、图片框和进度条，样式文件名称为 item_notification_audio。通知中不支持拖动进度条，只能使用普通进度条。此样式采用线性布局，布局容器中有文本框、图片框和进度条等类型控件，显示学习音频的名称、作者、当前播放时间和总时长。文本框设置 id、显示文字、文字大小和文字颜色。播放和停止图片框设置 id、高度、宽度和显示图片。进度条设置 id 和显示模式。学习音频播放通知样式文件布局设计如图 9-7 所示。

样式文件代码如下，请填写空白处。

```
<LinearLayout
            布局引用及配置为自动生成代码，省略
>
    <LinearLayout
        android:layout_width="match_parent"
        android:layout_height="match_parent"
        android:orientation="horizontal">
```

```xml
    <TextView
        android:id="@+id/txt_noti_audio_title"
        android:text="名称"
        _____ />          <!--请添加其他属性配置-->
    <TextView
        android:id="@+id/txt_noti_audio_artist"
        android:text="作者"
        _____ />          <!--请添加其他属性配置-->
</LinearLayout>
<LinearLayout
    android:layout_width="match_parent"
    android:layout_height="match_parent"
    android:orientation="horizontal">
    <ImageView
        android:id="@+id/img_noti_audio_play"
        android:src="@android:drawable/ic_media_play"
        _____ />          <!--请添加其他属性配置-->
    <ProgressBar
        android:id="@+id/prog_noti_audio"
        style="?android:attr/progressBarStyleHorizontal"
        _____ />          <!--请添加其他属性配置-->
    <ImageView
        android:id="@+id/img_noti_audio_stop"
        android:src="@android:drawable/ picture_frame "
        _____ />          <!--请添加其他属性配置-->
</LinearLayout>
<LinearLayout
    android:layout_width="match_parent"
    android:layout_height="match_parent"
    android:orientation="horizontal"
    android:gravity="left">
    <LinearLayout
        android:layout_width="match_parent"
        android:layout_height="match_parent"
        android:orientation="horizontal"
        android:layout_weight="1">
        <TextView
            android:id="@+id/txt_noti_audio_proc"
            android:text="00:00"
            _____ />          <!--请添加其他属性配置-->
    </LinearLayout>
    <LinearLayout
        android:layout_width="match_parent"
        android:layout_height="match_parent"
        android:orientation="horizontal"
        android:layout_weight="1"
```

```
                    android:gravity="right">
                    <TextView
                        android:id="@+id/txt_noti_audio_time"
                        android:text="00:00"
                        _____ />              //添加其他配置属性
              </LinearLayout>
          </LinearLayout>
      </LinearLayout>
```

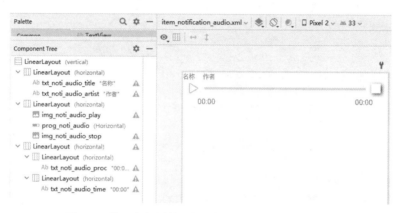

图 9-7　学习音频播放通知样式文件布局设计示意图

　　构造自定义通知时通过 RemoteViews 对象引用样式文件。自定义通知的操作则通过使用广播传递消息来完成。自定义通知生成及操作代码如下,其内容涉及广播、多线程以及界面更新操作。

```
        manager = (NotificationManager) getSystemService(Context.
NOTIFICATION_SERVICE);
            if (android.os.Build.VERSION.SDK_INT >= android.os.Build.
VERSION_CODES.O) {
                NotificationChannel channel = new NotificationChannel
("audio","学习音频",NotificationManager.IMPORTANCE_DEFAULT);
                manager.createNotificationChannel(channel);
            }
            @SuppressLint("RemoteViewLayout")
            RemoteViews remoteViews = new RemoteViews(getPackageName(),R.
layout.item_notification_audio);
            remoteViews.setTextViewText(R.id.txt_noti_audio_title,
audioItem.getRes_name());
            remoteViews.setTextViewText(R.id.txt_noti_audio_artist,
audioItem.getRes_author());
            Intent intent = new Intent("click");
            intent.putExtra("btnFlag",R.id.img_noti_audio_play);
            PendingIntent pendingIntent_play = PendingIntent.
getBroadcast (this,1,intent,PendingIntent. FLAG_IMMUTABLE);
        remoteViews.setOnClickPendingIntent(R.id.img_noti_audio_play,
```

```
pendingIntent_play);
            intent.putExtra("btnFlag",R.id.img_noti_audio_stop);
            PendingIntent pendingIntent_stop = PendingIntent.getBroadcast
(this,2,intent,PendingIntent. FLAG_IMMUTABLE);
            remoteViews.setOnClickPendingIntent(R.id.img_noti_audio_stop,
pendingIntent_stop);
            int time = audioServiceBinder.getDuring();
            String stime = new SimpleDateFormat("mm:ss",
Locale.getDefault()).format(new Date(time));
            remoteViews.setTextViewText(R.id.txt_noti_audio_time,stime);
            handler = new Handler(Looper.myLooper()){
                @Override
                public void handleMessage(@NonNull Message msg) {
                    super.handleMessage(msg);
                    String sproc = new SimpleDateFormat("mm:ss",
Locale.getDefault()).format(new Date (msg.what));
                    remoteViews.setProgressBar(R.id.prog_noti_audio,time,
msg.what,false);
                    remoteViews.setTextViewText(R.id.txt_noti_audio_
proc,sproc);

                    Notification notification = new tificationCompat.
Builder(StudyAudioPlayService.this,"audio")
                        .setSmallIcon(R.mipmap.ic_launcher)
                        .setCustomBigContentView(remoteViews)
                        .build();
                    startForeground(100, notification);
                                            //音频播放使用前台服务

                }
            };
```

关闭通知则需要调用 stopForeground()方法，参数为 Boolean 类型，代码如下。

```
    stopForeground(true);
```

请考虑，上述代码应该放置于 Service 控制文件中的什么位置？

9.3.3 设置学习音频 BroadcastReceiver

资料	章节	引导问题
接收广播	4.10.4	如何接收广播

通知中的操作信息通过广播的方式发送，学习音频 BroadcastReceiver 接收广播后进行响应操作。

学习音频 BroadcastReceiver 代码如下，请填写空白处。

```
    private class AudioBroadcastReceiver extends BroadcastReceiver {
        @Override
        public void onReceive(Context context, Intent intent) {
```

```
            String action = intent.getAction();
            if("click".equals(action)){
                int btnID = intent.getIntExtra("btnFlag",0);
                switch (btnID){
                    case R.id.img_noti_audio_play:
                        _____    //其他相关操作,例如重新播放
                        break;
                    case R.id.img_noti_audio_stop:
                        audioServiceBinder.stop();
                        _____    //其他相关操作,例如重置播放器
                        break;
                }
            }
        }
    }
```

注册广播代码如下。

```
private void initReceiver(){
    AudioBroadcastReceiver receiver = new AudioBroadcastReceiver();
    IntentFilter intentFilter = new IntentFilter();
    intentFilter.addAction("click");
    registerReceiver(receiver,intentFilter);
}
```

请考虑，上述代码应该放置于 Server 控制文件中的什么位置？

9.3.4 设置学习音频播放前台服务

资料	章节	引导问题
前台服务	4.11.4	如何设置前台服务启动方式

音频播放一般使用 Service 服务的方式进行，避免应用程序切换时导致音频播放中断或者失败的问题。案例中学习音频播放使用通知作为辅助操作视图，为了避免信息传递阻塞和延时的问题，选择前台服务作为音频播放操作类型。

服务权限和声明在清单文件中代码如下。

```
    <uses-permission android:name="android.permission.FOREGROUND_
SERVICE"/>
        <service android:name=".StudyAudioPlayService" android:foreground
ServiceType= "mediaPlayback"/>
```

学习音频播放前台服务采用 startService 和 bindService 结合的方式。前者负责启动前台服务、通知和广播。后者负责音乐播放、停止操作及播放信息的交互。

学习音频播放前台服务类继承于 Service，名称为 StudyAudioPlayService。学习音频播放前台服务类中包含音频播放、音频信息交互等操作，其代码如下，请填写空白处。

```
    public class StudyAudioPlayService extends Service {
```

```
                private AudioServiceBinder audioServiceBinder ;
                private StudyRes audioItem;
                private MediaPlayer mediaPlayer;
                private Timer timer;
                boolean pflag = true;
                private Handler handler = new Handler(Looper.myLooper());
                private NotificationManager manager;
                private AudioBroadcastReceiver receiver;
                @Nullable
                @Override
                public IBinder onBind(Intent intent) {
                    return audioServiceBinder;
                }
                @Override
                public void onCreate() {
                    super.onCreate();
                    audioServiceBinder = new AudioServiceBinder();
                }
                @Override
                public int onStartCommand(Intent intent, int flags, int startId) {
                    audioItem = (StudyRes) intent.getExtras().getSerializable
        ("audioitem");
                    try {
                        _____        //开始播放学习音频
                        _____        //定义和显示通知
                        _____        //注册 BroadcastReceiver
                    } catch (IOException e) {
                        e.printStackTrace();
                    }
                    return START_STICKY;
                }
                public class AudioServiceBinder extends Binder {
                    public int getDuring(){
                        return mediaPlayer.getDuration();
                    }
                    public void release(){
                        mediaPlayer.release();
                    }
                    public void playAudio() throws IOException {
                        if (audioItem == null){
                            return;
                        }
                        if (mediaPlayer != null){
                            mediaPlayer.release();
                            mediaPlayer = null;
                        }
                        mediaPlayer = new MediaPlayer();
```

```
                    mediaPlayer.setDataSource(audioItem.getRes_fileurl());
                    mediaPlayer.prepare();
                    mediaPlayer.start();
                    pflag = true;
                    timer = new Timer();
                    timer.schedule(new TimerTask() {
                        @Override
                        public void run() {          //定时器发送学习音频播放进度
                            if (mediaPlayer != null ){
                                if(!pflag){
                                    timer.cancel();
                                }
                                Message msg = Message.obtain();
                                msg.what = mediaPlayer.getCurrentPosition();
                                StudyAudioListAdapter.handler.sendEmpty
Message (msg.what);                      //同步主界面拖动进度条学习音频当前播放进度
                                handler.sendEmptyMessage(msg.what);
                                        //同步通知中进度条学习音频当前播放进度

                            }
                        }
                    },0,100);
                }
                public void stop(){
                    mediaPlayer.stop();
                    timer.cancel();
                    pflag = false;
                    stopNotify();
                }
            }

                    _____    //定义和显示通知的方法
                    _____    //关闭通知的方法
                    _____    //注册广播的方法
                    _____    //定义 BroadcastReceiver 的内部类
        @Override
        public void onDestroy() {
            super.onDestroy();
            mediaPlayer.release();
            if (mediaPlayer != null){
                mediaPlayer = null;
            }
            timer.cancel();
            pflag = false;
            stopNotify();
        }
    }
```

9.3.5　学习音频播放界面控制

资料	章节	引导问题
列表控件	4.4.12	条目内的布局元素响应点击如何操作
Thread	4.13.1	哪种情况下使用 Thread
Handler	4.13.2	Handler 的 post()方法是子线程吗？作用是什么
Retrofit	4.17.4	如何配置 Retrofit 如何传递和接收数据

学习音频播放界面使用列表控件、文本框和拖动进度条等控件。进行控制操作前，开发者需要定义列表控件、文本框和拖动进度条变量，一般使用私有全局变量，并与列表控件、文本框以及拖动进度条绑定。

列表控件需要数据适配器，学习音频播放界面中列表控件选用继承于基础数据适配器的自定义数据适配器。

列表控件需要定义每个条目显示的样式文件，名称为 item_list_study_audio。此样式采用约束布局。布局容器中有文本框和图片框。学习音频名称和作者文本框设置 id、显示文字、文字大小和文字颜色。学习音频开始和停止图片框设置 id、高度、宽度和显示图片。学习音频播放界面列表控件条目样式文件布局设计如图 9-8 所示。

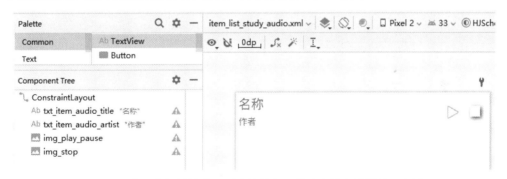

图 9-8　学习音频播放界面列表控件条目样式文件布局设计示意图

样式文件代码如下。

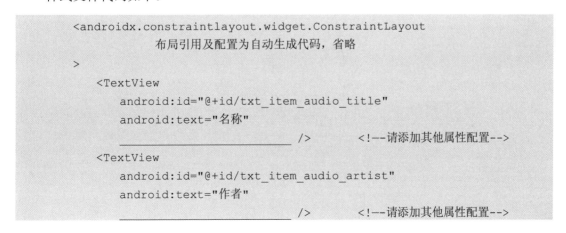

```
    <ImageView
        android:id="@+id/img_play_pause"
        _____ />          <!--请添加其他属性配置-->
        android:src="@android:drawable/ic_media_play" />
    <ImageView
        android:id="@+id/img_stop"
        _____ />          <!--请添加其他属性配置-->
        android:src="@android:drawable/picture_frame" />
</androidx.constraintlayout.widget.ConstraintLayout>
```

新建一个继承于 BaseAdapter 的类作为学习音频播放界面列表控件的数据适配器，名称为 StudyAudioListAdapter。自动生成相关方法后，需要做的操作是：(1)新建构造方法；(2)修改相关方法返回值；(3)定义样式文件的容器内部类；(4)在 getView()方法中引用样式文件，绑定样式文件中控件以及控件相关操作。注意在列表控件条目中启动音频时需调用学习音频播放前台服务，使用多线程同步数据并更新用户界面。配置数据适配器代码如下，请填写空白处。

```
public class StudyAudioListAdapter extends BaseAdapter {
    private List<StudyRes> audiolist;
    private Context context;
    private Intent intent;
    private ServiceConnection serviceConnection;
    private StudyAudioPlayService.AudioServiceBinder audioService
Binder;
    public static Handler handler;
    StudyAudioListAdapter(Context context, List<StudyRes> list){
        this.context = context;
        audiolist = list;
    }
    @Override
    public int getCount() {
        return _____;
    }
    @Override
    public Object getItem(int position) {
        return _____;
    }
    @Override
    public long getItemId(int position) {
        return _____;
    }
    @Override
    public View getView(int position, View convertView, ViewGroup parent) {
        convertView =(_____); //关联样式文件
```

```
                ViewHolder viewHolder = new ViewHolder();
                                              //注册绑定样式文件中控件
            viewHolder.img_play_pause.setOnClickListener(new View.
OnClickListener() {
                @Override                     //条目内响应点击操作
                public void onClick(View v) {
                    if(null != audioServiceBinder){
                        audioServiceBinder.stop();
                    }
                    intent = new Intent(context, StudyAudioPlayService.
class);
                    StudyRes audioItem = audiolist.get(position);
                    Bundle bundle = new Bundle();
                    bundle.putSerializable("audioitem",audioItem);
                    intent.putExtras(bundle);
                  serviceConnection = new StudyAudioListAdapter.Audio
ServiceConnection();
                context.bindService(intent,serviceConnection, Service.
BIND_AUTO_CREATE);
                    context.startService(intent);
                    handler = new Handler(Looper.myLooper()){//多线程同步数据
                        @Override
                        public void handleMessage(@NonNull Message msg) {
                            super.handleMessage(msg);
                            int proc = msg.what;
                            int time = audioServiceBinder.getDuring();
                            String sproc = new SimpleDateFormat("mm:ss",
 Locale.getDefault()) .format(new Date(proc));
                            String stime = new SimpleDateFormat("mm:ss",
 Locale.getDefault()).format(new Date(time));
                            StudyActivity.seekBar_audio.setMax(time);
                            StudyActivity.seekBar_audio.setProgress(proc);
                            StudyActivity.txt_audio_time.setText(stime);
                            StudyActivity.txt_audio_proc.setText(sproc);
                            StudyActivity.txt_audio_name.setText(
audioItem. getRes_name());
                            StudyActivity.txt_audio_artist.setText(
audioItem. getRes_author());
                        }
                    };
                }
            });
            viewHolder.img_stop.setOnClickListener(new View.OnClick
```

```
Listener() {
            @Override
            public void onClick(View v) {
                handler.post(new Runnable() {              //更新用户界面
                    @Override
                    public void run() {
                        audioServiceBinder.stop();
                        StudyActivity.seekBar_audio.setMax(0);
                        StudyActivity.seekBar_audio.setProgress(0);
                        StudyActivity.txt_audio_time.setText("");
                        StudyActivity.txt_audio_proc.setText("");
                        StudyActivity.txt_audio_name.setText("名称");
                        StudyActivity.txt_audio_artist.setText("作者");
                    }
                });
            }
        });
        StudyRes audioItem = audiolist.get(position);
        viewHolder.txt_item_audio_title.setText(audioItem.getRes_
name());
        viewHolder.txt_item_audio_artist.setText(audioItem.getRes_
author());
        return convertView;
    }
    private class ViewHolder{
        TextView txt_item_audio_title,txt_item_audio_artist;
        ImageView img_play_pause,img_stop;
    }
    class AudioServiceConnection implements ServiceConnection {
        @Override
        public void onServiceConnected(ComponentName name, IBinder
service) {
            audioServiceBinder = (StudyAudioPlayService.Audio
ServiceBinder) service;
        }
        @Override
        public void onServiceDisconnected(ComponentName name) {
        }
    }
}
```

在学习完学习音频播放和停止功能后，开发者可以尝试添加暂停和拖动功能。
应用程序学习音频播放界面运行效果如图 9-9 所示。

图 9-9 应用程序学习音频播放界面运行效果

第10章

后台服务管理和操作

本章设计和建立案例应用程序的应用程序关闭时处理操作和下载操作的相关内容。应用程序关闭时处理操作无法在 Activity 的 onDestroy() 方法中进行，只能在后台服务中进行。下载操作无须界面显示，只需在后台完成下载任务。

10.1　任务 1：应用程序关闭时处理操作

任务目标	设计和建立应用程序关闭时处理操作		
任务难度	★★		
步骤序号	内容	问题	解决方法
1	新建后台服务		
2	声明 Service		
3	启动后台服务		
开始时间		完成情况	
结束时间		完成人	

10.1.1　新建应用程序关闭时处理操作的后台服务

资料	章节	引导问题
后台服务	4.11.2	应该重载后台服务哪些方法

应用程序关闭时处理操作的后台服务类继承于 Service，名称为 ExitService。在此后台服务类中需重载 onTaskRemoved() 方法来处理应用程序关闭时的操作。以清除缓存数据为例，具体代码如下。

```
public class ExitService extends Service {
    @Nullable
    @Override
    public IBinder onBind(Intent intent) {
        return null;
    }
    @Override
    public void onTaskRemoved(Intent rootIntent) {
        super.onTaskRemoved(rootIntent);
```

```
            SharedPreferences sp = getSharedPreferences("login", Context.
MODE_PRIVATE);
            SharedPreferences.Editor editor = sp.edit();
            editor.clear();
            editor.commit();
        }
    }
```

10.1.2　声明应用程序关闭时处理操作的 Service

资料	章节	引导问题
声明 Service	4.11.1	如何配置应用程序关闭时 Service 的属性

应用程序关闭时 Service 的声明除了常规的 android:name、android:enable 和 android:exported 属性外，还需配置 android:stopWithTask 属性保证 Service 操作的正常执行。android:exported 属性设置为 false 表示不对外使用，android:stopWithTask 属性设置为 false 保证 Service 中 onTaskRemoved()方法的操作可以顺利执行。清单文件中应用程序关闭时 Service 的声明代码如下。

```
<service android:name=".ExitService"
    android:enabled="true"
    android:exported="false"
    android:stopWithTask="false"></service>
```

10.1.3　启动应用程序关闭时处理操作的后台服务

资料	章节	引导问题
启动后台服务	4.11.2	如何启动应用程序关闭时处理操作的后台服务

开发者在应用程序关闭之前在任意地方通过 startService()方法启动后台服务。启动后台服务代码建议放置在 Activity 的 onCreate()或 onStart()方法中，保证后台服务正常启动。不建议放置在 Activity 的 onStop()、onPause()或 onDestory()方法中启动。

```
Intent intentServer = new Intent(this,ExitService.class);
startService(intentServer);
```

应用程序关闭时处理操作的后台服务执行完毕后会随应用程序的关闭而自动销毁。

10.2　任务 2：下 载 操 作

任务目标	设计和建立应用程序下载操作		
任务难度	★★		
步骤序号	内容	问题	解决方法
1	新建后台服务		

续表

步骤序号	内容	问题	解决方法
2	声明 Service		
3	启动后台服务		
开始时间		完成情况	
结束时间		完成人	

10.2.1 新建下载操作后台服务

资料	章节	引导问题
后台服务	4.11.2	应该重载后台服务哪些方法

下载操作的后台服务类继承于 Service，名称为 DownloadService。在此后台服务类中需重载 onHandleIntent()方法来处理下载操作。以下载学习音频数据为例，具体代码如下。

```java
public class DownloadService extends IntentService {
    private NotificationManager manager;
    public DownloadService(String name) {
        super(name);
    }
    public DownloadService() {                //必须要一个参数为空的构造方法
        super("DownloadService");
    }
    @Override
    public int onStartCommand(@Nullable Intent intent, int flags, int
startId) {
        return super.onStartCommand(intent, flags, startId);
    }
    @Override
    protected void onHandleIntent(@Nullable Intent intent) {
        String urlstr = intent.getStringExtra("fileurl") ;
        String filepath = intent.getStringExtra("filepath");
        StudyResRetrofitServer resServer = new StudyResRetrofit
Server();
        try {
            resServer.downloadFile(urlstr,filepath);
        } catch (IOException e) {
            e.printStackTrace();
        }
        manager = (NotificationManager) getSystemService(Context.
NOTIFICATION_SERVICE);
        if (android.os.Build.VERSION.SDK_INT >= android.os.Build.
```

```
VERSION_CODES.O) {
                NotificationChannel channel = new Notification
Channel("file","下载文件",NotificationManager.IMPORTANCE_DEFAULT);
                manager.createNotificationChannel(channel);
            }
            Notification notification = new NotificationCompat.Builder
(DownloadService.this,"file")
                .setSmallIcon(R.mipmap.ic_launcher)
                .setContentTitle("下载中……")
                .build();
                manager.notify(0,notification);
        }
    }
```

10.2.2 声明下载操作 Service

资料	章节	引导问题
声明 Service	4.11.1	如何配置下载操作后台服务的属性

　　下载操作后台服务的声明只需配置常规的 android:name、android:enable 和 android:exported 属性。清单文件中下载操作后台服务的声明代码如下。

```
<service android:name=".DownloadService"
    android:enabled="true"
    android:exported="true"></service>
```

10.2.3 启动下载操作后台服务

资料	章节	引导问题
启动后台服务	4.11.2	如何启动下载操作后台服务

　　通过 startService()方法启动下载操作后台服务。

```
        viewHolder.btn_audio_download.setOnClickListener(new View.
OnClickListener() {
                @Override
                public void onClick(View view) {
                    Intent intent = new Intent(context,DownloadService.
class);
                    intent.putExtra("fileurl",audiolist.get(position).
getRes_fileurl());
                    String filepath = context.getExternalCacheDir().
```

```
getAbsolutePath()+"/"+ audiolist.get(position).getRes_name();
                intent.putExtra("filepath",filepath);
                context.startService(intent);
            }
        });
```

文件下载路径需预先配置，建议放置于应用程序安装目录内。

使用本书介绍的 HttpsURLConnection、OKHttp 和 Retrofit 网络通信框架均可以完成文件下载功能，此处以使用 Retrofit 为例。

Retrofit 中使用 GET 方式下载文件，其接口文件代码如下。

```
public interface Retrofit_Download_Interface {
    @Streaming
    @GET
    Call<ResponseBody> download(@Url String fileUrl);
}
```

Retrofit 中 StudyResRetrofitServer 类下载方法代码如下。

```
public String downloadFile(String url,String filePath) throws
IOException {
        Retrofit retrofit = new Retrofit.Builder()
                .baseUrl(url +"/")                    //此处需要加反斜杠
                .build();
        Retrofit_Download_Interface request = retrofit
.create(Retrofit_Download_Interface.class);
        Response<ResponseBody> response = request.download(url).
execute();
        InputStream inputStream = response.body().byteStream();
        FileOutputStream fileOutputStream = new FileOutput
Stream(filePath);
        int len;
        byte[] buffer = new byte[4096];
        while ((len = inputStream.read(buffer)) != -1){
            fileOutputStream.write(buffer,0,len);
        }
        fileOutputStream.flush();
        fileOutputStream.close();
        inputStream.close();
        return "文件下载完成";        //下载操作完成后给出文件下载完成的提示信息
    }
```

应用程序学习音频下载界面运行效果如图 10-1 所示。

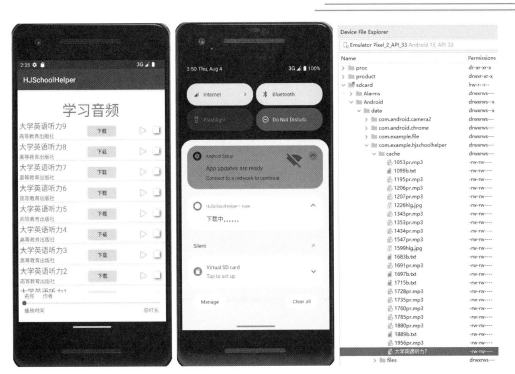

图 10-1　应用程序学习音频下载界面运行效果